生态瑰宝 和谐家园

——吉林林业自然保护区

乔　恒 ▣ 主编

中国林业出版社

生态瑰宝　和谐家园

ECOLOGICAL TREASURES
HARMONIOUS HOME

JILIN FORESTRY NATURE RESERVE

图书在版编目（CIP）数据

生态瑰宝 和谐家园 : 吉林林业自然保护区 / 乔恒主编 .
-- 北京 : 中国林业出版社 , 2014.1
ISBN 978-7-5038-7364-5

Ⅰ . ①生… Ⅱ . ①乔… Ⅲ . ①林业－自然保护区－介绍－吉林省
Ⅳ . ① S759.992.34

中国版本图书馆 CIP 数据核字 (2014) 第 015314 号

出 版：中国林业出版社
（100009 北京西城区德内大街刘海胡同7号）
电 话：(010) 83224477
发 行：新华书店北京发行所
印 刷：北京雅昌艺术印刷有限公司
版 次：2014年8月第1版
印 次：2014年8月第1次
开 本：965mm × 635mm 1/16
印 张：9.5
定 价：198.00元

序 言

PREFACE

JILIN LINYE

自然保护区是指对有代表性的自然生态系统、珍稀濒危野生动植物物种的天然集中分布区、有特殊意义的自然遗迹等保护对象所在的陆地、陆地水体或者海域，依法划出一定面积予以特殊保护和管理的区域。自然保护区的作用在于保护自然环境与自然资源，获得最佳的生态效益，确保资源的永续利用，促进人与自然的和谐。

其实自然保护的概念早在中国古代就有，“春三月，山林不登斧，以成草木之长。夏三月，川泽不入网罟，以成鱼鳖之长。”表面看来是当时的人们为获得更多更好的生产成果而采取的措施，但实质上它就体现一种朴素的生态保护意识。历史上封建帝王封禁山林的圣谕和寻常百姓不准樵采的乡规民约，客观上也起到了保护自然环境的作用。到了今天，自然保护已不仅仅与人类的衣食之需有关，更重要的是通过保护自然实现生物多样性保护和经济社会的可持续发展。

了解吉林的人都知道，吉林省是中国生物多样性较丰富的地区之一。东部为长白山地原始森林生态区、中东部为低山丘陵次生植被生态区、中部为松辽平原生态区，西部为草原湿地生态区。东部长白山地林海茫茫，森林覆盖率高，森林生态系统完整，生物种类十分丰富，降水丰沛，是吉林省乃至东北亚生态环境的重要屏障。中东部低山丘陵生长着茂密的天然次生林和人工林，森林覆盖率较高，是松花江的重要江段，水资源和矿产资源非常丰富。中部松辽平原一望无际，地势平坦，土质肥沃，农田防护林体系健全，环境承载能力较强，有着发展优质农产品生产的优越条件，素有“黄金玉米带”和“大豆之乡”的美称，是中国重要的粮食生产基地。西部草原湿地是科尔沁草原的延伸带，草原辽阔，湿地面积较大，地下水和过境水丰富，是生态系统从半湿润森林草原向半干旱草原和沙漠之间的过渡带，也是候鸟迁徙的重要通道。同时，作为国家重点林区，吉林省森林覆盖率高达43.7%，原始状态保持良好的自然环境，孕育了丰富的野生动植物资源。全省有陆生野生脊椎动物445种，野生植物3890种。被列入国家重点保护的陆生野生动物有东北虎、豹、梅花鹿、丹顶鹤等计76种，列入国家重点保护的野生植物有东北红豆杉、长白松、朝鲜崖柏等计17种。

多年来，为拯救濒危野生动植物资源，有效保护丰富的生物物种和原始的自然生态环境，吉林省林业系统经科学考察规划，在珍稀濒危野生动植物的栖息地和环境脆弱区域抢救性地建立了一批自然保护区。早在1960年，吉林林业人就建立了第一个以保护森林生态系统和野生动物为主要目的的自然保护区——长白山自然保护区，1980年长白山自然保护区被联合国教科文组织纳入“人与生物圈网络计划”，成为我国首批加入国际生物圈保护网络的成员。50余年过去了，如今吉林省林业系统已建立森林和野生动植物及湿地类型自然保护区33个。其中国家级自然保护区达到了12个，省级自然保护区14个，市（县）级自然保护区7个。保护面积达到242.84万公顷，约占全省幅员面积12.8%。吉林林业自然保护事业从无到有、从小到大，逐步形成了布局合理、类型齐全的自然保护区体系，野生动植物和湿地资源得到了有效保护，全社会保护意识逐步增强，吉林省的自然保护事业走上了健康发展的轨道。

《生态瑰宝 和谐家园——吉林林业自然保护区》一书，系统地向读者介绍了吉林省林业系统各级各类自然保护区的自然资源与环境概况、生物多样性保护管理现状、可持续发展及未来保护策略等，既是对吉林省林业系统自然保护区建设管理工作的全面总结，也是对林业人50多年来在自然保护区建设管理中取得的成果的集中展示。

本书的出版对广大读者认识自然保护区，了解吉林省林业自然保护区现状，唤醒人们的生态保护意识和对大自然的热爱具有十分重要的意义。

用一句话与朋友们共勉：无论是过去、现在，还是未来，也无论是家庭、国家，还是世界，大自然永远是我们的朋友，善待朋友，就是善待我们自己，为人类的现在，也为我们的子孙后代。

中国科学院院士

联合国教科文组织人与生物圈中国国家委员会主席

许智宏

2013年9月26日

前 言

FOREWORDS

吉林省位于中国东北地区中部，东与俄罗斯接壤，东南与朝鲜隔江相望，南靠辽宁省，西接内蒙古自治区，北临黑龙江省。全省幅员总面积18.74万平方千米。吉林省地理位置独特，自然条件优越。东部长白山脉连绵千里，素有“长白林海”之称；西部的松嫩平原地域辽阔，湖泡棋布，是我国重要湿地分布区。吉林省复杂多样的自然环境，孕育并保存了极其丰富的生物资源，是我国生物多样性较为丰富的省份之一。全省有陆生野生脊椎动物445种，其中列入《国家重点保护野生动物名录》的有76种；有野生植物3890余种，其中列入《国家重点保护野生植物名录(第一批)》的有16种。吉林省湿地分布广、面积大、类型多样，全省湿地总面积172.8万公顷，占全省总面积的9.2%。

吉林省的森林、湿地、野生动植物资源丰富而珍贵，保护好这些珍贵的生态资源及其重要栖息地，是林业部门的神圣使命和重要职责，尤其是以保护生物多样性和栖息地为根本宗旨的林业系统自然保护区的建设与管理，关系着林业事业科学发展的根本大计，是新时期林业工作的重中之重。值得欣慰的是，经过几代林业人的不懈努力，吉林林业自然保护区建设取得了令人鼓舞的成绩。

——林业系统自然保护区体系建设日臻完善。为实现对野生动植物及生物多样性的有效保护，从1960年林业系统建设第一个自然保护区——长白山自然保护区开始，拉开了吉林省自然保护区建设的序幕。吉林林业系统先后组织编制了《吉林省野生动植物保护及自然保护区建设工程规划》和《吉林省自然保护区体系建设规划》。并在50多年的时间里，依据这些《规划》，采取抢救性措施，保护濒危珍稀物种，修复典型生态系统，逐步扩大自然保护区面积，陆续建立了一批森林、野生动植物及湿地类型的自然保护区。特别是进入20世纪80年代后，吉林省森林、野生动植物及湿地类型自然保护区的建设逐渐加快，林业系统保护区建设在社会上影响日益广泛。到2012年底，吉林省已建立林业系统森林和野生动植物、湿地类型自然保护区33处。保护区总面积242.3万公顷，占全省幅员总面积的12.8%。初步形成了布局较为合理、类型较为齐全、功能较为完备的自然保护区体系，牢固树立了林业系统在全省自然保护区建设体系中的主体地位。

——保护管理能力和基础设施建设逐渐加强。吉林省林业系统加强了自然保护区保护管理能力建设。到2012年底，全省林业系统省级以上自然保护区管理机构属县（处）级单位的12个，共有编制数1189人。全省保护区通过各种渠道筹集的事业费逐年增加。

国家林业局和吉林省政府陆续对长白山、向海、莫莫格、龙湾、天佛指山、珲春、松花江三湖、哈泥等国家级自然保护区进行了基础设施建设投资，2000～2012年吉林省林业系统自然保护区的基础建设投资达31344万元。

——各级领导高度重视自然保护区建设工作。

吉林省林业系统的自然保护区建设得到了各级领导的关怀，邓小平、江泽民、胡锦涛等党和国家领导人都曾莅临吉林省的自然保护区视察指导。吉林省委、省人民政府领导也多次赴向海、长白山、莫莫格等自然保护区视察，组织协调保护区资源保护与区域经济发展过程中出现的矛盾与问题，调整自然保护区的管理体制，划拨专项资金用于自然保护区的工程建设，并对保护区建设提出具体指导意见。各级领导的重视和关怀，极大地促进了保护区管理工作的健康发展。

——保护管理工作步入法制化、规范化的轨道。随着自然保护区事业的发展，依法治区势在必行。从1994年到现在，吉林省及有关地方人大、政府陆续颁布了《吉林长白山国家级自然保护区管理条例》、《吉林省松花江三湖保护区管理条例》、《吉林向海国家级自然保护区管理条例》、《吉林左家自然保护区管理办法》、《延边朝鲜族自治州长白松省级自然保护区管理条例》、《吉林雁鸣湖自然保护区管理办法》、《吉林哈泥自然保护区管理办法》、《吉林省明月松茸保护区管理条例》等法规或规章，初步实现了吉林省林业系统所管理的重点自然保护区“一区一法”。通过制定法规，为相关自然保护区的管理工作提供了重要的法律依据，增强了管理工作的权威性。

——在参与国际交流与合作的过程中树立自然保护区良好形象。20世纪80年代以来，吉林省林业系统与湿地国际（WI）、世界自然基金会（WWF）、联合国计划署（UNDP）、国际鹤类基金会（ICF）、全球环境基金（GEF）、国际野生生物保护学会（WCS）等国际组织在自然保护区管理方面开展了广泛的交流与合作，完成了有关白鹤保护、东北虎栖息地建设、野生动物跨国界保护、迁徙水鸟保护网络建设等一系列国际合作项目。

通过开展国际交流与合作，学习和借鉴了先进的保护管理技术，提高了自然保护区管理人员的管理水平，树立了吉林省自然保护区建设管理的良好形象，为我国履行国际公约及其他政府间的保护协定作出了贡献。

——自然保护区发展能力进一步增强。全省林业系统各保护区依托资源优势，积极开展了养殖、种植和生态旅游等实验性项目，增加了保护区收入，取得了较好的经济和社会效益。尤其是在生态旅游方面，近几年，全省自然保护区生态旅游总收入保持以35%的速度增长，有效发挥了生态资源的经济价值，探索出了保护与开发协调发展的新途径。同时，普遍开展了多种形式的社区共建、共管活动，有效地促进了资源保护与当地社区经济的协调发展。

为充分展示吉林省林业自然保护区建设所取得的成就，展现其丰富的生物多样性和美丽的自然景观，我们组织编写了《生态瑰宝　和谐家园——吉林林业自然保护区》一书。本书的出版得到了省内各级林业主管部门、自然保护区、相关林业单位以及世界自然基金会（WWF）、世界野生生物保护学会（WCS）的关心和帮助，得到了广大摄影爱好者和生态保护人士的大力支持，在此一并表示衷心的感谢！

NATIONAL

PROVINCIA

目录 CONTENTS

【国家级自然保护区】

【省级自然保护区】

【市、县级自然保护区】

【附　录】

国家级自然保护区

- 天地有大美 生态长白山——吉林长白山国家级自然保护区
- 香海久远 云飞鹤舞——吉林向海国家级自然保护区
- 白鹤之乡 鸟类天堂——吉林莫莫格国家级自然保护区
- 珍菌圣地 松茸之乡——吉林天佛指山国家级自然保护区
- 火山口湖群 钟灵景色秀——吉林龙湾国家级自然保护区
- 虎啸三国 道通三疆——吉林珲春东北虎国家级自然保护区
- 丹江碧水 湖泽交织——吉林雁鸣湖国家级自然保护区
- 三湖连珠 水塔天成——吉林松花江三湖国家级自然保护区
- 泥炭泽国 活水源头——吉林哈泥国家级自然保护区
- 湖泊沼泽 浩淼烟波——吉林波罗湖国家级自然保护区
- 高山草甸 偃松奇观——吉林黄泥河国家级自然保护区
- 北国红豆 千禧日出——吉林汪清国家级自然保护区

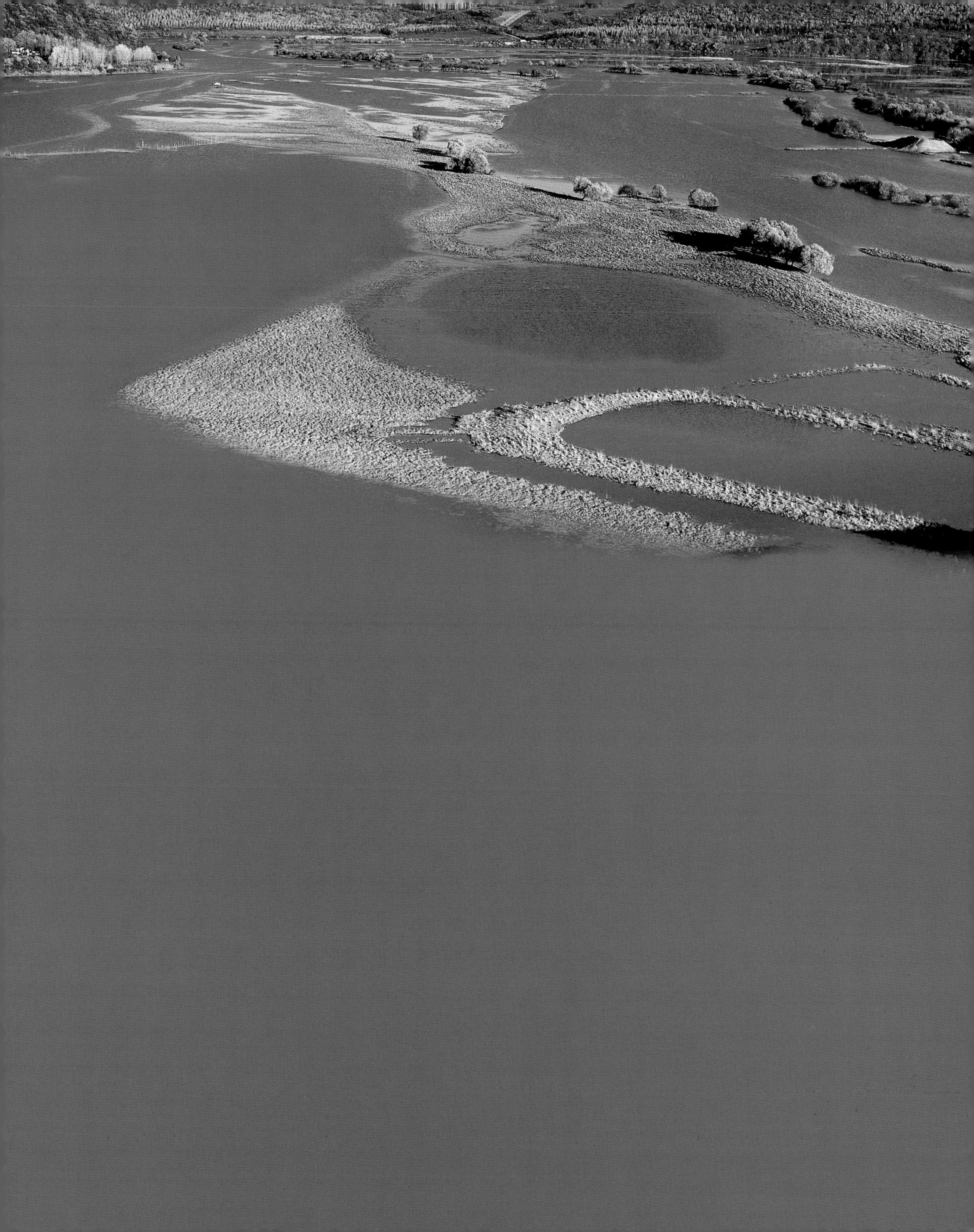

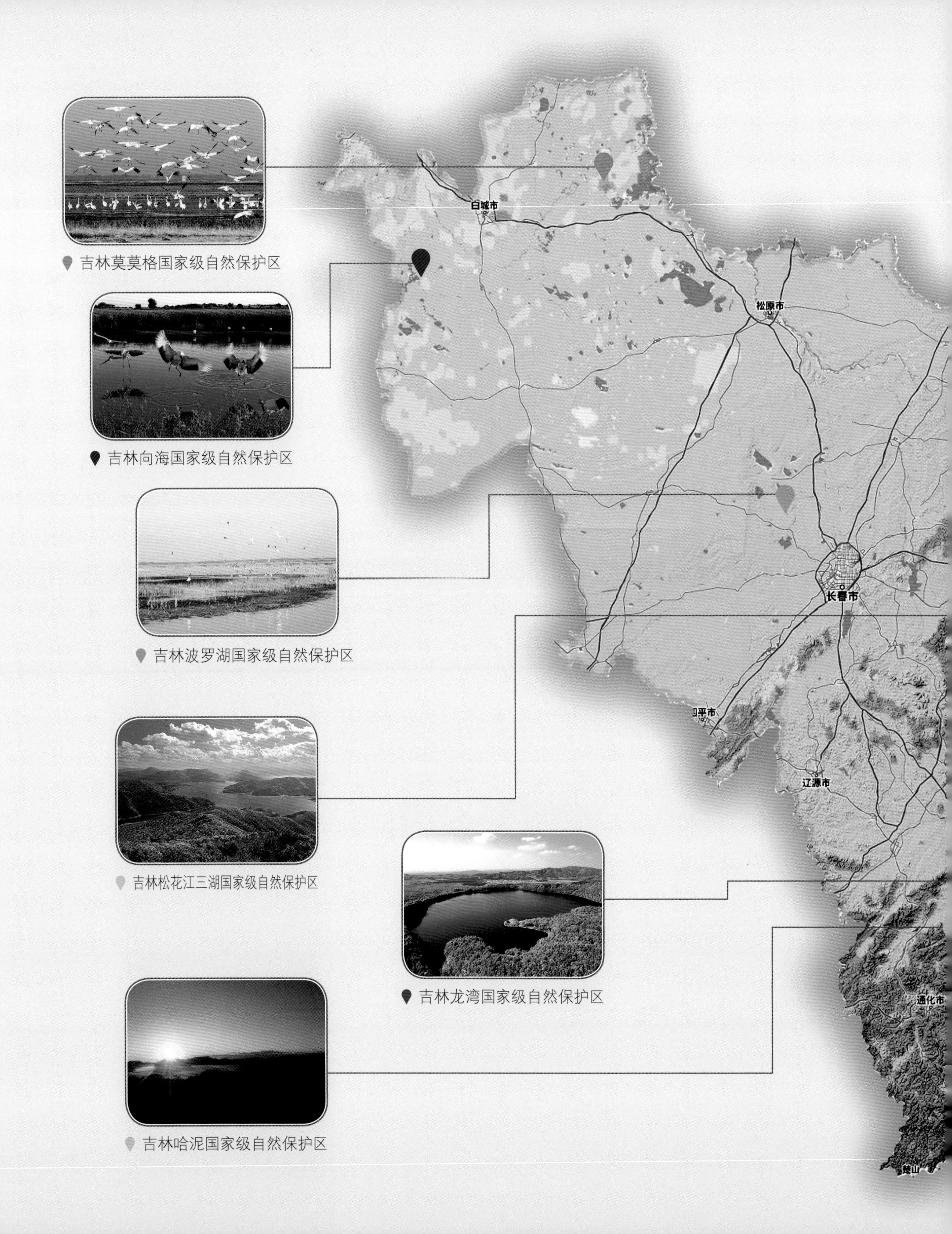

吉林莫莫格国家级自然保护区

吉林向海国家级自然保护区

吉林波罗湖国家级自然保护区

吉林松花江三湖国家级自然保护区

吉林龙湾国家级自然保护区

吉林哈泥国家级自然保护区

吉林省林业系统国家级自然保护区分布图

吉林黄泥河国家级自然保护区

吉林雁鸣湖国家级自然保护区

吉林汪清国家级自然保护区

吉林珲春东北虎国家级自然保护区

吉林天佛指山国家级自然保护区

吉林长白山国家级自然保护区

天地有大美 生态长白山

——吉林长白山国家级自然保护区

高山苔原

吉林长白山国家级自然保护区位于吉林省东南部，东南与朝鲜民主主义人民共和国毗邻，地理坐标为东经127°42′55″～128°16′48″，北纬41°41′49″～42°25′18″。全区南北最大长度为80千米，东西最宽达42千米，总面积为196 465公顷。全区森林覆盖率85.97%。

长白山自然保护区建立于1960年，是我国建立较早的自然保护区，是以保护生物多样性为主的森林生态系统类型自然保护区。1980年被联合国教科文组织（UNESCO）纳入“人与生物圈网络计划”，成为首批国际生物圈保护区网络成员，被列为世界自然保留地之一；1986年经国务院批准为“森林与野生动物类型国家级自然保护区”；1992年被世界保护联盟（IUCN）评为具有国际意义的A级自然保护区；2003年经国际人与生物圈、人与地理圈、山地研究发起组织等10个国际组织评定成为全球28个环境监测点之一。

长白山是一座巨型复合式休眠火山，由于其独特的地理位置和地质构造，形成了神奇壮观的火山地貌，以及典型的植被垂直分布带谱、丰富完整的生物

落差68米的长白山瀑布

资源、深远厚重的历史文化、美丽奇特的自然风光。长白山以其雄奇壮美、原始荒古跻身于“中华十大名山”之列，是我国首批列入的“AAAAA”级旅游风景名胜区。

长白山自然保护区森林生态系统十分完整，是欧亚大陆北半部最具有代表性的典型自然综合体，是世界少有的“物种基因库”，是森林生态系统研究和教学的天然实验室，是进行环境保护和绿色宣传教育的自然博物馆。据统计，长白山自然保护区有野生植物 2806 种，野生动物 1588 种。1979 年，联合国教科文组织（UNESCO）生态司顾问普尔教授到长白山考察后说：“像长白山这样保存完好的森林生态系统，在世界上是少有的。长白山不仅是中国人民的宝贵财富，也是世界人民的宝贵财富。”

长白山是松花江、鸭绿江、图们江的发源地。长白山自然保护区的森林生态系统在涵养水源、保持水土、净化水质和改善区域气候等方面发挥着积极重要的作用，是松花江、鸭绿江、图们江中下游广大地区生态安全的重要绿色屏障。

保护区按照功能区划分为核心区、缓冲区和实验区。其中：核心区总面积为 128311.5 公顷，占保护区总面积的 65.3%；缓冲区总面积 20 043.5 公顷，占保护区总面积的 10.2%；实验区总面积为 48 110.0 公顷，占保护区总面积的 24.5%。

长白山自然保护区是北半球同纬度带上生物种源最为丰富的地域之一。也是世界上在最小范围内植物带垂直分布最明显、垂直分布类型最多、生物种类最丰富的特殊生态系统。在海拔变化 2000 米的范围内，从低到高依次呈现针阔混交林、针叶林、高山岳桦林和高山苔原带，当地独有的 4 个植物垂直分布带，浓缩了从温带到极地的生物景观，云集了相当于北半球温带、寒温带、亚寒带及北极圈的多种气候和生物群落类型，是欧亚大陆生态系统和濒危物种持续生存的难得地域，也是濒危野生动植物不可多得的重要栖息地。保护区在保护生物多样性、维持生态平衡、开展科学研究等方面均具有重要的作用。

2005 年，吉林省人民政府为了整合资源，对长白山进行统一保护、统一开发、统一规划、统一管理，成立了吉林省长白山保护开发区管理委员会（简称长白山管委会），与长白山自然保护区管理局两块牌子，一套机构，交叉任职，合署办公，正厅级建制，保护区管理机构实行“管理局——自然保护管理

中华秋沙鸭

花尾榛鸡

海拔2100米以上的高山苔原带

海拔1700～2100米的岳桦林带

海拔1100～1700米的针叶林带

海拔500～1100米的针阔混交林带

海拔500米以下的阔叶林带

中心——保护管理站”三级管理体系。自然保护管理中心具体负责长白山自然保护区的野生动植物保护、森林防火、有害生物防治和日常保护管理等工作。

长白山自然保护管理中心设有机关处室 4 个，下辖 9 个保护管理站，2 支专业扑火队。现有职工 437 人，其中：全民所有制职工 168 人，集体所有制职工 54 人，森林管护工（合同制）215 人；专业技术人员 28 人，其中，高级工程师 8 人，工程师 5 人，中级职称以下技术人员 15 人。50 多年来，长白山自然保护区严格按照依法治区的原则，1988 年颁布实施了《吉林长白山国家级自然保护区管理条例》，加强对保护区的管理，在国内率先实现一区一法。尤其是长白山管委会成立以来，始终把生态保护工作放在第一位，按照“生物生长栖息地、人类休闲养生地、人与自然和谐示范地”的定位，积极开展自然保护、森林防火、科学研究、宣传教育、生态旅游和基础设施建设等工作，保护区各项事业蓬勃发展，保护区能力建设始终走在全国前列。

长白山自然保护区为吉林省唯一的国家级示范保护区，区内无居民居住。随着保护区周边林业局山场沟系的承包，林副产品价格的不断攀升，受利益驱使，一些不法人员进入保护区进行盗采、盗猎，破坏自然资源。尤其近几年自驾游、登山探险人员和过境边民增多，不仅给保护区资源造成严重破坏，而且给保护区综合保护管理工作带来极大隐患和压力。面对诸多困难，长白山自然保护区工作人员积极采取有效措施，按照野生动植物的生长、活动和分布区域，有计划地开展“护蛙、护薇、保护红松种源、反盗猎和盗伐”等专项保护行动和资源监测工作。把巡护工作当作最基础的工作来抓，不断提高和强化巡护质量，巡护组在紧要时期均驻扎到核心区内野外宿营，对重点区域进行“死看死守”。经常性组织保护站、武警森林部队、武警边防部队和长白山公安局联合开展大型搜山清区和清套工作。清除、教育、打击了一大批非法进入保护区破坏资源的行为人，没收、清理一大批盗采、盗猎工具。非法进入保护区人员逐年减少，区内生态环境明显恢复，野生动物数量明显增多，森林质量明显提高。

长白山是东北三省的生态屏障，长白山自然保护区是全国 18 个重点森林防火区之一，区内绝大部分为原始天然林，林下可燃物载量较高，区内 1.1 万公顷的风灾区更是全国森林防火的重中之重。多年来，长白山自然保护区始终把森林防火工作作为最重要的工作来抓，注重科学防火，形成卫星、飞机、瞭望台瞭望和地面巡护的防控体系，在“预防”上狠下功夫。加强领导、落实责任，强化清区、严控火源，注重宣传和培训，狠抓通讯、瞭望、扑救三大环节。经过全体干部职工的共同努力，克服各种困难，实现了全区连续 50 余年无重大森林火灾的目标。

长白山自然保护区内林木全部为国家级公益林，为实现对林木的

长白山自然保护管理中心办公楼

有效保护，保护区成立了长白山自然保护区国家级公益林管理领导小组，配备专职人员，设定管护区域，明确管护任务，层层签订管护合同，实行目标、任务、资金、责任四落实，并先后制定各项管理制度和岗位职责，为国家级公益林保护提供了强有力的制度保障。同时注重加强职工培训，加大基础设施建设投入，公益林保护各项工作健康发展。

生态宣传教育和对外交流是保护区工作的重要组成部分。长白山自然保护区充分利用各种媒介大力开展公众宣传教育，组建了长白山生态网站，发行了《长白山自然保护动态》期刊，举办“野生动物保护宣传月、爱鸟周、生态夏令营、生态杯征文比赛、森林防火宣传月”等活动，经常利用长白山电视台和长白山交通之声宣传生态保护的法规、政策，还将保护区的相关规定融入景区导游词中，与社区、街道联合开展形式多样的宣传活动，在长白山自然保护区周边形成了浓厚的生态环境保护氛围。充分利用长白山的名山优势，积极开展对外交流与合作。

近几年，先后与世界自然基金会（WWF）联合举办“保护区管理”和“有蹄类野生动物监管监测”培训班，与美国阿拉斯加保护区、我国台湾雪霸公园等保护机构达成合作意向。在人与生物圈第十三届东亚网络会议上，就开展旗舰物种保护和建立合作机制，与俄罗斯锡霍特山脉保护区签订了合作协议。

科学研究工作取得可喜成绩。长白山保护局在原有科研所的基础上成立了长白山科学院，该院立足于长白山森林生

指挥系统

运兵车辆

野外巡护点

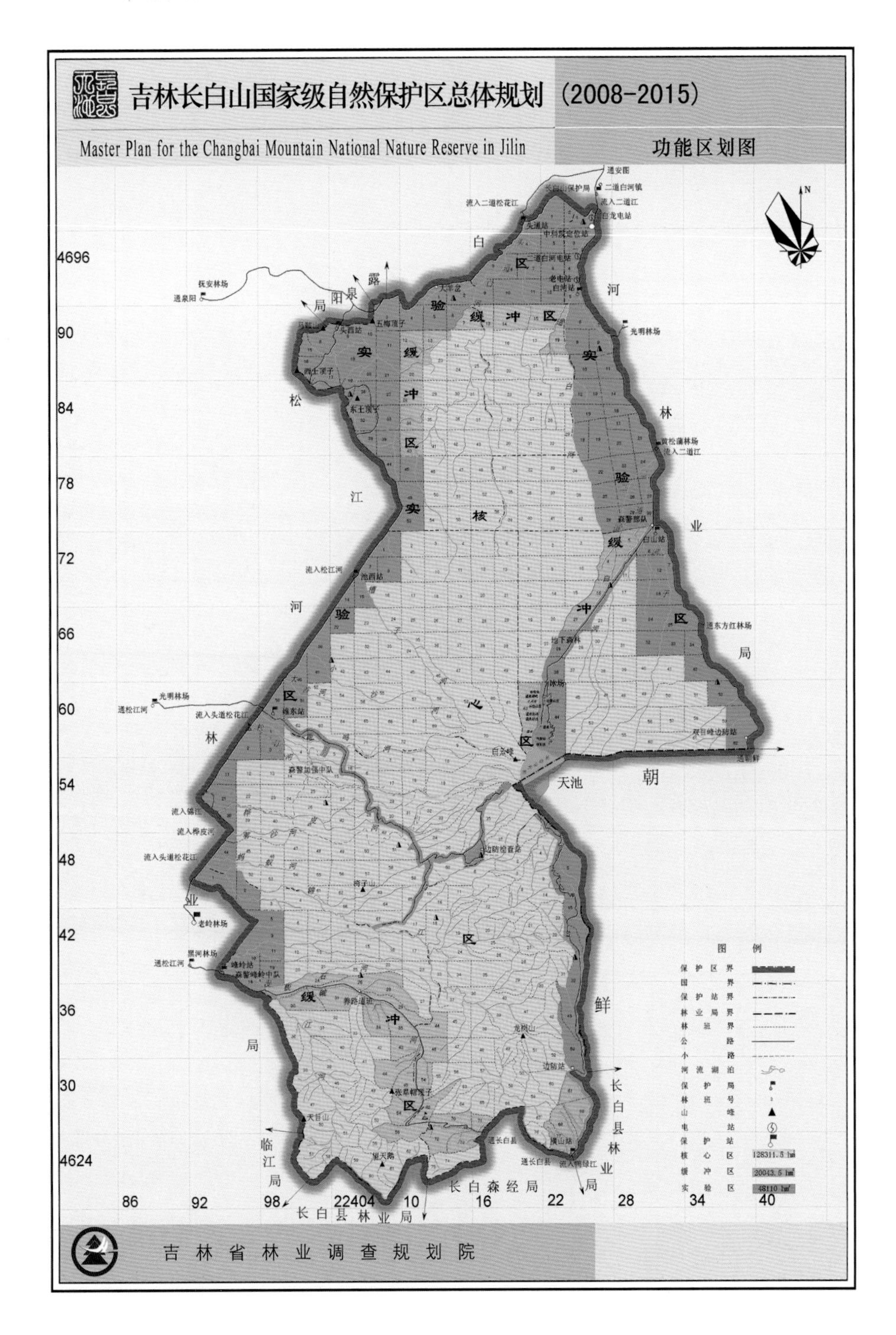

态系统的特点，积极开展保护和拯救珍稀物种、森林及野生动植物、菌类、林副特产资源、园林绿化资源、中草药资源、地质矿产资源、水利资源、旅游经济的开发利用研究，取得了卓有成效的科研成果。目前，已完成课题 80 余项。其中国家级 23 项，省、部级 24 项。获林业部科技进步三等奖 2 项；解放军总后勤部科技进步三等奖 1 项；吉林省科技进步二等奖 1 项，三等奖 1 项；吉林省林业科技进步二等奖 1 项、三等奖 2 项，吉林长白山林业科学技术三等奖 1 项。通过吉林省科委鉴定达到国际、国内先进水平的 17 项；完成著

天文峰

作 19 部；出版发行内刊《长白山自然保护》60 期，《长白山自然保护区论文集》2 部，编撰《长白山动植物名录》1 部。

长白山是吉林省第一张生态名片，在长白山保护区管理局的管理下，长白山生态旅游业依托得天独厚的自然资源优势，得到了突飞猛进的发展，旅游基础设施不断完善，景区管理和运输能力不断提高，保护与开发和谐发展。长白山自然风光奇秀、景色迷人，走进长白山，如同走进雄浑博大的生态天堂，“原始、源头、元气”和“神圣、神秘、神奇”是长白山的真实写照。长白山四季分明，旅游资源丰富，概括起来是“春可踏雪赏花，夏可避暑度假，秋观层林尽染，冬游雪域王国”。长白山不仅自然资源丰富，而且人文底蕴厚重，既是满族的发祥地，又是朝鲜族的聚集地，民族风情浓厚。游客在长白山不仅能看到

紫 貂

马 鹿

“梦幻般的长白山天池，银河奔腾的长白瀑布，争芳斗艳的高山花园，神秘幽静的地下森林，千姿百态的奇峰峡谷”，同时还能回归生态，亲近自然，享受温情似火的温泉洗浴，品尝浓郁芬芳的温泉鸡蛋，体会激情奔放的雪域冲浪。休闲养生地、大美长白山。长白山现在已然成为集生态游、风光游、边境游、民俗游为一体的旅游胜地。据统计：长白山旅游人数每年在以 25% 的速度增长，仅 2011 年，长白山旅游人数已经超过 140 万人，成为吉林省旅游业的龙头。

保护发展，规划先行。长白山保护局本着高起点、高标准、国际化的原则，先后编制完成了《吉林长白山国家级自然保护区总体规划》、《吉林省长白山旅游总体规划》等 5 个规划，这些规划确定了今后发展的基本框架，为促进自然保护和生态旅游协调发展提供了高水准的行动纲领。本着“科学保护，合理利用”的原则，长白山自然保护区正在积极探索科学合理的保护与发展之路，寻求最佳结合点和承载力，变资源优势为经济优势，利用旅游开发产能促进保护事业更好更快地发展。

白山龙胆

北冬虫夏草(蛹虫草)

垂花百合

卷 丹

人参果

鸢 尾

鹤舞奥运

香海久远 云飞鹤舞
——吉林向海国家级自然保护区

吉林向海国家级自然保护区位于吉林省通榆县境内，地理坐标为东经122°05′01″～122°31′25″，北纬44°55′59″～45°09′03″，保护区南北最长45千米，东西最宽42千米，总面积为105 467公顷，属内陆河流湿地与水域生态系统类型自然保护区。

向海自然保护区始建于1981年，是经吉林省人民政府批准建立的省级自然保护区，初期为白城专署直属林业事业单位，后委托通榆县人民政府代管。1986年7月，经国务院批准晋升为国家级自然保护区。1999年11月，吉林省人民政府将向海自然保护区整体划归吉林省林业厅管理，为省林业厅直属事业单位。保护区1992年被列入《国际重要湿地名录》，同年被评为“具有国际意义的A级自然保护区”；1993年被中国人与生物圈委员会批准纳入“生物圈保护区网络”；2005年末被国家旅游局评定为国家AAAA级生态旅游景区。

向海自然保护区地形复杂，生境多样，多种生物区系与复杂的生态环境互相渗透。沙丘、草原、沼泽、湖泊相间分布，纵横交错，星罗棋布，构成典型的湿地多样性景观。保护区内林地面积2.9万公顷，其中蒙古黄榆面积1.9万公顷，湖泊水域1.25万公顷，芦苇沼泽2.36万公顷，草原3.04万公顷。保护区野生动植物资源十分丰富，共有野生植物595种，其中药用植物220种；有野生脊椎动物376种，其中鸟类299种，兽类37种，鱼类27种，两栖类13种，有国家Ⅰ级重点保护野生动物大鸨、东方白鹳、黑鹳、丹顶鹤、白鹤、白头鹤、

沙丘榆林

金雕、白肩雕、白尾海雕、虎头海雕等共10种，国家Ⅱ级重点保护野生动物42种；有《中日保护候鸟及其栖息环境协定》中的鸟类173种；有国家保护的有益或者有重要经济、科学研究价值的陆生野生动物235种。

向海自然保护区成立以来，在法制建设、资源保护与恢复、科研监测、生态旅游、社区共建以及宣传教育等方面取得了较大的成绩。1994年7月，吉林省第八届人大常委会第十一次会议通过了《吉林向海国家级自然保护区管理条例》，使保护区的规范化管理有了法律依据；加大了资源保护力度，成立了森林公安分局，进驻了武警森林中队，极大地增强了基层保护执法能力建设，维护了区内的长治久安；积极开展了社区共建共管，与周边社区成立了联合保护委员会，建立健全了社区共管机制，协调解决保护和生产的矛盾，推进了以人为本、和谐发展；实施了生态保护及恢复工程，设置工程围栏112万延长米，封育面积9027公顷。在霍林河流域内实施了水滞留工程，恢复湿地近10 000公顷。2004年和2011年，国家先后两次从察尔森水库为向海湿地应急调水，一定程度缓解了向海湿地缺水局面。

向海湿地生物多样性得到有效保护，丹顶鹤等珍稀水禽数量明显增加。湿地功能得到充分发挥，最大限度控制了向海湿地沙化、碱化、退化的蔓延。强化了宣传教育工作，为扩大向海知名度，提高社区群众保护意识，保护区坚持通过广播、电视、报刊、出版书籍画册、拍摄电视剧、专题片，开展夏令营、爱鸟周活动等形式进行了广泛深入的宣传教育活动。

向海自然保护区是大自然的珍品，鸟类的天堂、旅游的胜地。国际鹤类基

向海自然保护区保护局

向海森林公安分局

向海森林武警中队

保护人员野外巡护

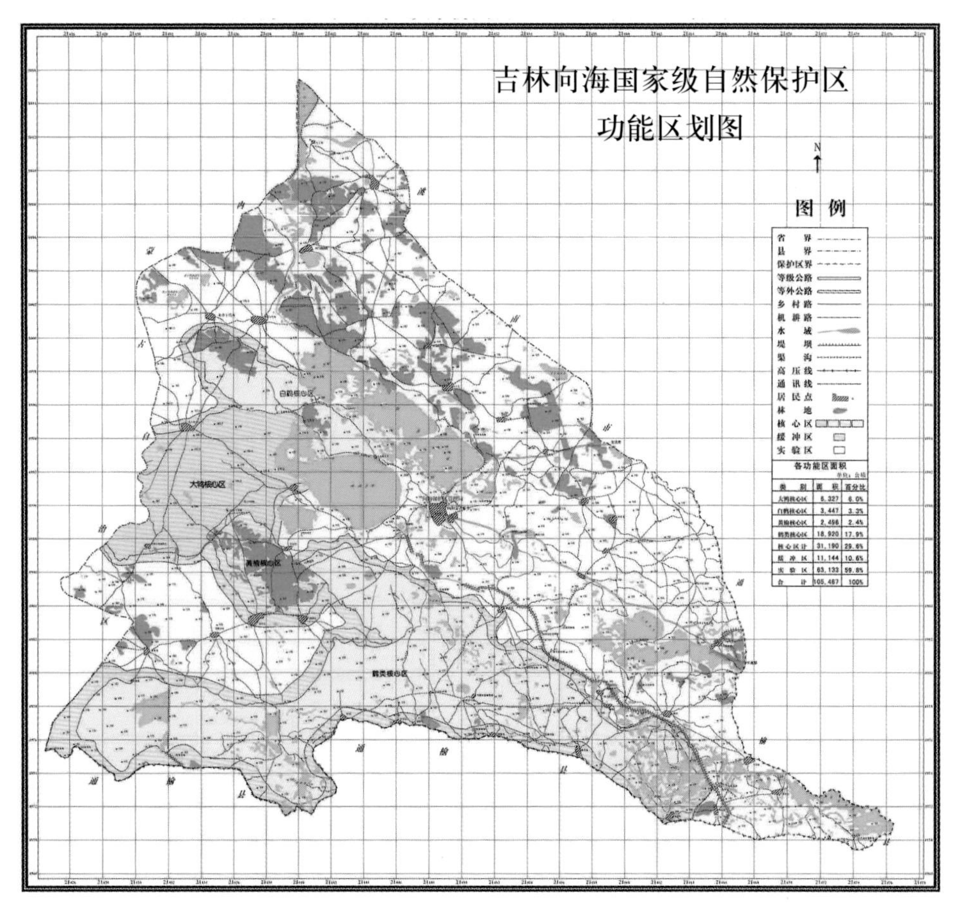

水域湿地

金会主席乔治·阿基博到向海考察时说："我到过世界上 50 多个国家的自然保护区，像向海这样完好的自然景观、原始的生态环境、多样的湿地生物，全球已不多了，向海不仅是中国的一块宝地，也是世界的一块宝地。"千姿百态的蒙古黄榆，碧波粼粼的湖泊，风吹起伏跌宕的苇塘，茫茫无际的草原，给人以返朴归真的感受。向海既保留着原始古朴的自然风貌，又展示着新世纪的现代文明。

"向海"源于"香海"，清朝顺治初始，在向海建了一座喇嘛庙，取名"青海庙"，1784 年乾隆皇帝东巡时曾下榻于此，因感于"青海庙"的"青"比"大清帝国"的"清"字少了三点水，而视为削去了大清帝国的半壁江山，故怒改庙名，将此庙赐名为"福兴寺"，而且亲笔以满、汉、蒙、藏 4 种文字书写匾额，并留有"云飞鹤舞，绿野仙踪"、"福兴圣地，瑞鼓祥钟。"等两块碑文。由于碑文均为木质，不禁风雨，加之关东塞外地广人稀，文化落后，识得碑文的人寥寥无几，两块珍贵的

春季鸟类迁徙

丹顶鹤

湿地柳林

鸿　雁

碑文早已不知去向，好在北京雍和宫《福兴寺志》还留有当时的记录。后来因水患庙宇坍塌，藏人瑞安活佛云游至此，易地又重修新庙。庙高三层，青砖木石结构。一层诵经，二层供佛，三层藏一幅奇特的人牛画像永不与常人见面。“福兴寺”的庙会年年如是，平日进香求祈者也络绎不绝，加之乾隆皇帝君臣等人前后两次光顾，使得“福兴寺”声名远播。1928 年西藏六世班禅额尔德尼来寺传经说法，汇聚喇嘛 1080 人，前来听经受法者不计其数，日日香烟缭绕，弥漫如海，因而得名“香海寺”。

向海自然保护区物华天宝，风光秀丽，景色宜人，是旅游观光、科学考察的理想去处。特别是 2009 年由联合国世界旅游组织专家委员会委员、联合国教科文组织文化遗产专家、国内外有关旅游专家参加的“吉林八景”评选活动中，向海自然保护区取得优异成绩，以全省第三名的成绩荣获“吉林八景”称号，标志着向海已步入吉林省具有代表性特色景区（景观）的行列，同时也意味着向海自然保护区旅游形象宣传推广进入了一个新的阶段。

白鹤之乡 鸟类天堂——吉林莫莫格国家级自然保护区

吉林莫莫格国家级自然保护区位于吉林省镇赉县东部，东与黑龙江省杜尔伯特蒙古族自治县、肇源县隔嫩江相望；南以洮儿河为界与吉林省大安市相邻；西、北和本县的黑鱼泡、东屏、哈吐气、五棵树、嘎什根等乡（镇）的部分地域接壤。地理坐标为东经123°27′00″～124°04′33″，北纬45°42′25″～46°18′00″，总面积144 000公顷，属内陆湿地与水域生态系统类型保护区。

吉林莫莫格自然保护区是于1981年3月由吉林省人民政府批准建立的省级自然保护区，1997年12月经国务院国发[1997]109号文件批准晋升为国家级自然保护区，2001年1月18日国家林业局林计发[2001]19号文件批复了《吉林莫莫格国家级自然保护区总体规划》，2001年11月13日吉林省人民政府第136次专题会议，研究了莫莫格保护区管理体制和湿地保护问题。会议决定："将原来由省林业厅和镇赉县政府双重管理，以地方管理为主的管理体制，调整为仍采取双重管理，但以省林业厅管理为主的管理体制"，2002年3月1日吉编办[2002]16号文件批复莫莫格保护区管理局为吉林省林业厅直属事业单位。

野生动植物资源

莫莫格自然保护区野生动植物资源丰富，有种子植物600种，其中经济植物有361种，分属于77科。有野生动物393种，其中两栖类1目3科6种；爬行类2目4科8种；鱼类4目11科52种；兽类4目11科29种；鸟类298种，分属于17目50科。国家Ⅰ级重点保护的鸟类有白鹤、丹顶鹤、白头鹤、东方白鹳、黑鹳、大鸨、金雕、虎头海雕、玉带海雕、白尾海雕等10种，Ⅱ级重点保护鸟类有白枕鹤、蓑羽鹤、灰鹤、大天鹅、小天鹅、鸳鸯等42种。

重点保护物种

保护区以白鹤、丹顶鹤、东方白鹳等珍稀水禽及湿地生态系统为主要保护对象，其中白鹤被IUCN红皮书列为"极危物种"，是保护对象中的旗舰物种。

莫莫格湿地是东亚候鸟迁徙通道上的重要停歇地、繁殖地。世界自然保护联盟（IUCN）红皮书中列为最濒危的物种、我国列为Ⅰ级重点保护鸟类的白鹤，每年春、秋迁徙季节分别在莫莫格湿地停歇40天左右。近几年，每个迁徙季节，种群数量超过3000只达16天以上，超过2000只达30天以上，超过1000只达33天以上。最高数量达到3809只（2012年4月28日），占该物种世界种群的90%以上。白鹤在莫莫格的停歇时间和种群数量堪称世界之最，备受国际、国内有关组织的关注。

基础设施及保护体系建设

莫莫格保护区建区以来，特别是上划省林业厅管理后，得到了历届省委、省政府领导的高度重视。时任领导王云坤书记、王珉书记、孙政才书记、洪虎省长、韩长赋省长等都曾亲自深入保护区进行考察，了解情况，指导工作。白城市委、市政府和镇赉县委、县政府全力支持保护优先的原则，使保护事业得到顺利发展。

2002～2011年，国家和省为莫莫格保护区先后投资6000余万元完成了基础设施第一、二、三期以及湿地修复工程建设。形成了1个局、6个站、2个监测点和1个救护中心，保护及科普宣教功能齐全的管理体系，使保护区对重点保护对象实施有效保护的能力得到不断增强。区内湿地生态环境质量得到进一步改善，鹤、鹳类等重要鸟类及其栖息地得以保护和恢复，保护管理工作步入科学化、制度化、规范化轨道。

莫莫格保护区在功能区划的基础上针对重点保护对象的分布情况，划分了不同的保护区域，并于2008年完成了区界立标工作。保护区中西部以白鹤等水鸟为主要保护对象，东部以东方白鹳等水鸟为主要保护对象。同时，建设了远程视频监控系统，对白鹤、丹顶鹤、东方白鹳栖息地实行24小时监控。目前，莫莫格保护区已经形成了一个较好的监测网络和保护管理体系。

科研与监测工作

科研是实现莫莫格保护区管理目标的保证，是衡量莫莫格保护区管理水平的重要标志之一。近几年，保护区与有关大专院校合作完成有关湿地生态系统方面的研究项目达十几项，同时圆满地完成了国际白鹤GEF项目7个子课题，并获全球环境署20年1000个项目20佳的殊荣。莫莫格保护区独立完成的2项课题，分别达到国际先进和国内领先水平。合作与独立撰写发表的学术论文近30篇，莫莫格保护区主编的6部专著都已正式出版。

第二届中国·镇赉白鹤节开幕式（2012年9月26日）

此外，世界鹤类基金会《湿地适应管理项目》和WWF香港基金会《白鹤栖息地相关因子研究项目》及与大专院校合作或独立承担的科研项目都在进行中。《大鸨半自然繁殖》和《斑翅山鹑半自然繁殖示范》等项目已取得突破性的进展，这些都对湿地保护和保护区发展建设起到了重要科技支撑作用。

监测是对湿地各项指标评估的重

吉林省林业厅、吉林省政府新闻办领导为“纪念莫莫格保护区上划吉林省林业厅管理十周年纪念碑”揭牌（2012年9月25日）

嫩江湾

大鸨

大白鹭

草原

要手段。莫莫格保护区的科研监测工作主要有湿地植被监测、湿地水鸟监测、湿地水文监测，以及针对关键物种白鹤的专题监测。为使监测工作更加科学、规范，在过去工作的基础上，莫莫格保护区聘请中国科学院东北地理与农业生态研究所有关专家制定了《莫莫格国家级自然保护区湿地生态监测手册》，用于指导监测工作的开展，收到了较好的效果。

引水恢复湿地

由于近些年的气候变化，降雨量严重不足，湿地缺水一直是困扰保护的根本性问题。为了恢复湿地，保护区管理局在省林业厅的大力支持下，千方百计筹集资金，通过提、引、蓄、留等多种办法向湿地注水，10年来每年向湿地引水5千万～1亿立方米，使退化的湿地得到恢复，为鹤、鹳等珍稀濒危鸟类提供了理想的栖息环境。同时再现了湿地景观，奠定了湿地产业基础，恢复了芦苇、渔业生态产出量，发挥了湿地的经济效益。引水恢复湿地后改变了局地小气候，对防御风沙干旱应对气候变化起到了重要的生态调节作用。

通过采取上述措施，抢救性恢复鹤、鹳等珍稀濒危鸟类栖息地60 000余公顷，占莫莫格保护区湿地面积的75%。

修复破损湿地植被

莫莫格保护区境内嫩江沿岸的哈尔挠区域，建有吉林油田的英台采油厂，其生产过程中使部分湿地植被遭到不同程度的破坏。这部分区域虽然被调整为实验区，但对于被破坏的植被而言，如不采取人为促进的方式而靠其自然恢复，其演替过程将是十分漫长的，或者说是根本不可能的。为了尽快修复湿地植被，莫莫格保护区做出了大胆的尝试——人工移植苔草。自2006～2011年，成功实施了6期建设工程，累计修复湿地面积6700公顷。这一试验的成功充分说明采取人为促进的方式修复湿地植被是可行的，同时也为资源的有效保护、合理利用与快速恢复积累了经验。

白鹤栖息地建设

白鹤被列为我国Ⅰ级重点保护野

保护区生态门

湿地博物馆

生动物，是莫莫格保护区保护对象中的旗舰物种。世界自然保护联盟红皮书中将其列为最濒危物种，目前全世界总数约 4000 只左右。

莫莫格保护区白鹤栖息地面积有 10 000 余公顷，属浅水湿地。由于该区域主要湿地植被为藨草，其地下球茎是白鹤在迁徙停歇地的主要食物，所以这里已经成为白鹤的重要停歇地。保护区加强了白鹤栖息地的保护和管理。在该区域设立了保护站和 4 处远程监控系统，白鹤迁徙停留期间，实行 24 小时巡护监控；修建了具有调控功能的供水网络向湿地有计划供水，通过引水使适宜白鹤栖息的藨草湿地面积由原来的不足 2000 公顷增加到现在的 10 000 余公顷；组成专题科研监测小组，对该区域进行生物样线调查和相关因子监测研究，掌握第一手资料，为开展保护管理工作提供科技支撑；县政府和自然保护区共同制定了进入该区域的人为活动管理规定，投资 2000 多万元修筑了环白鹤栖息地的 36 千米硬化道路，对加强区域管理、开展科考巡护和旅游观光都具有重要意义，为白鹤等水鸟停歇提供了安全环境。目前，白鹤栖息地的和谐氛围正在形成，“同在蓝天下，人鸟共家园”已不再是一句空洞的口号。

湿地永远，白鹤永恒。随着湿地的恢复和保护管理工作的加强，白鹤停歇数

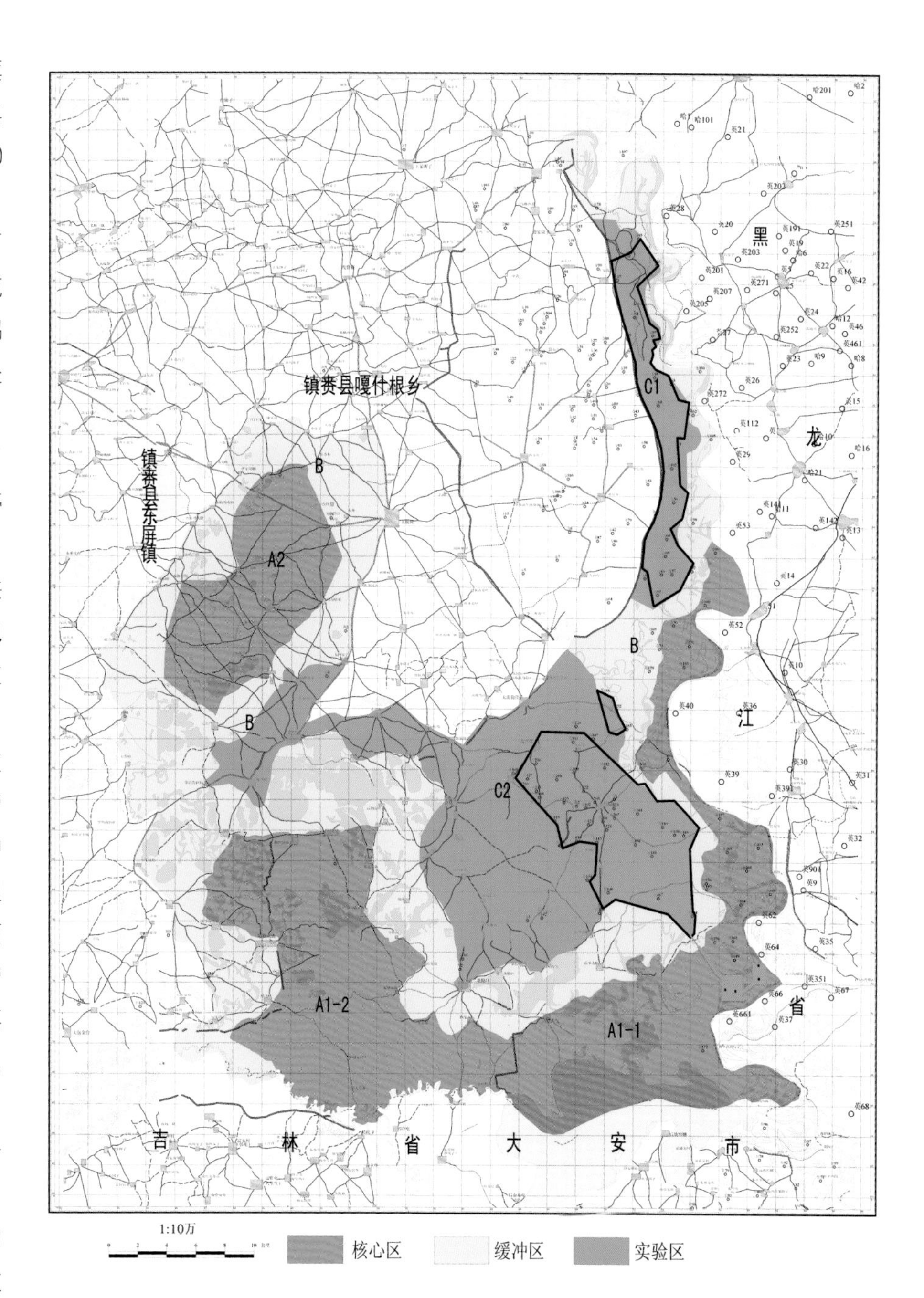

量呈逐年上升趋势，由2000年以前的500多只增加到现在的3000多只。世界自然保护联盟——湿地国际物种生存委员会鹤类专家组主席、国际鹤类基金会高级副主席吉姆·哈里斯先生多次来莫莫格保护区考察，并组织国际相关保护组织和东北亚鹤类网络以及白鹤GEF项目成员国的代表到莫莫格保护区考察。吉姆先生对莫莫格保护区给予了高度评价："白鹤以其高贵优雅的姿态著称，莫莫格国家级自然保护区在恢复和保护白鹤这一世界濒危物种及其栖息地方面所取得的成就是对全世界保护事业的重大贡献。现在，每年春秋两个迁徙季节都有超过全球数量90%的白鹤在莫莫格停歇觅食和安全栖息，如此大群的白鹤人们只有在这里可以一眼饱览。莫莫格已是当今地球上绝无仅有的一个白鹤重要栖息地。莫莫格——对所有关爱和保护鹤类的人们来说是个特殊的地方。"吉姆·哈里斯先生的评价充分说明了莫莫格保护区在保护白鹤方面的重要地位和国际意义。

白鹤栖息地保护科研成果的展现，引起了镇赉县委、县人民政府的高度重视，政府多次组织林业、水利、农业、畜牧等相关局、部、委、办负责同志到白鹤栖息地进行考察调研，探讨农、牧、渔业生产与湿地保护问题。当目睹了3000多只白鹤、几十万只雁、鸭的宏大场面，县委、县人民政府下决心举力打造"白鹤之乡"这块生态品牌，并以此为切入点全面做好莫莫格湿地保护工作，营造良好生态环境，造福子孙后代。

2010年3月，莫莫格保护区管理局协助镇赉县人民政府向中国野生动物保护协会申报镇赉县为"中国白鹤之乡"。2010年11月，中国野生动物保护协会正式授予镇赉县"中国白鹤之乡"称号。2011年9月10日、2012年9月26日，镇赉县政府、莫莫格保

白鹤栖息地藨草球茎采集

野外巡护

植被监测

视频监控终端

鸟类监测

巡护执法

白鹤

芦苇蔍草湿地

大杓鹬

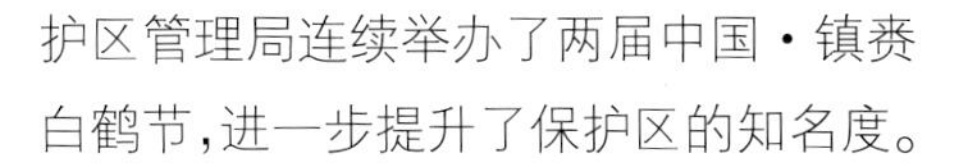

护区管理局连续举办了两届中国·镇赉白鹤节，进一步提升了保护区的知名度。

继首届白鹤节之后，2011 年 10 月 12 日，莫莫格保护区又成功举办了“白鹤种群生存与保护论坛”，使社会各阶层更多地了解了白鹤及其栖息地的现状和面临的威胁，为制定保护管理措施提供了科学依据和技术支持。

珍贵濒危物种白鹤吸引了众多摄影爱好者。人们用镜头记录了婀娜多姿的白鹤，把这美好的瞬间凝聚成历史的永恒！通过他们的宣传让世人更多地了解自然、热爱自然，从而更加注意保护大自然留给人类的宝贵财富——白鹤。

发展湿地旅游事业

开展湿地旅游是保护区增加自我造血功能的有效途径。保护区本着保护优先的原则，向人们提供美在原始、贵在自然的湿地景观，将其纳入日常工作的重要组成部分。着力打造“白鹤之乡、鸟类天堂”这一自然生态旅游品牌。开发建设了月亮湖至白沙滩百里沿江风光线以及白鹤观赏区、东方白鹳集群地、丹顶鹤栖息地、嫩江滩涂多种水鸟繁殖区，即“一线”、“四点”旅游特色景区，让人们领略浩瀚湿地鸟类天堂湿地景观，激发人们更加亲近自然、热爱自然、保护自然的热情。

莫莫格保护区的苔草小叶樟湿地、芦苇沼泽及蔍草湿地、碱蓬草甸湿地、江河湖泊水域四大景观融汇于一线、四点特色景区之中，令人神往。

苔草

苔草塔头

文须雀

东方白鹳

苔草小叶樟湿地：保护区东部的嫩江泛洪区，江叉纵横，形成了典型的苔草小叶樟湿地，面积约 35 000 公顷，植被较为原始。苔草塔头涉足没膝，小叶樟随风摇曳。东方白鹳在这里安家落户，仙鹤、雁鸭在这里驻足停歇，乐而忘返。

芦苇沼泽及藨草湿地：绮丽的洮儿河遇洼成湖，60 000 多公顷的芦苇沼泽浩瀚成海。美景之中，成千上万的水禽在这里安家，繁衍生息，世代相传。秀丽的丹顶鹤更是在这里娶妻生子，安逸祥和。

碱蓬草甸湿地：秀美迷人的碱蓬湿草甸，是莫莫格保护区又一道靓丽的风景。四季变迁，它也变幻着模样，或俏丽，或娇羞，抑或还有一些奔放。尤以秋装最美，红袖红袄，像一个美丽的新娘，生命在此只有两个字——感动！

江河湖泊水域：嫩江恰似一条玉带沿莫莫格保护区东部飘然而过，月亮湖犹如一弯明月镶嵌于湿地之中。春回大地，芳草萋萋，“沾衣浴湿杏花雨，吹面不寒杨柳风”，一派迷人春光；夏季戏潮泛舟，鱼跃莺歌，鹰翔鹤舞；秋天，一个收获的季节，江河之上，波光粼粼，雁鸭成群，百鸟鸣聚；冬季，虽说万物寂寥，可厚厚的冰层下，还有江河流淌，它在不停地向前奔流——寻找希望！

吉林莫莫格国家级保护区经过 30 多年的建设历程，各项事业健康发展，管理体系已然确立，能力建设不断加强，资源环境得到保护，关键物种数量增加，管理目标逐步实现。一个集保护、科研、宣教、旅游和生物多样性于一身的综合性保护体系初步形成。

西伯利亚山杏

珍菌圣地 松茸之乡

——吉林天佛指山国家级自然保护区

吉林天佛指山国家级自然保护区是我国首个保护珍贵食用菌类的自然保护区，地处吉林省延边朝鲜族自治州龙井市境内。保护区东、南部与朝鲜隔图们江相望，边境线总长142.5千米。地理坐标为东经129°16′18″～129°46′28″，北纬42°23′19″～42°41′20″，主要保护对象是以蒙古栎植物群落为主体的森林生态系统、松茸等国家濒危野生植物及国家重点保护野生动物，保护区总面积77 317公顷。

松　茸

苔藓植被

吉林天佛指山国家级保护区位于吉林省东南部的延边朝鲜族自治州龙井市境内，距龙井市区10.2千米。保护区东部和南部与朝鲜隔江相望，北部与龙井市的德新乡、智新镇、开山屯镇相接，西部与和龙市毗邻。

保护区总面积为77 317公顷（其中，核心区面积17 577公顷，缓冲区面积10 998公顷，实验区面积48 742公顷），分布在4个乡（镇）。主要保护对象是北温带森林系统中特有的赤松—蒙古栎森林生态系统、集中分布的松茸资源和多种国家重点保护野生动植物。

天佛指山保护区植被属典型的长白山植物区系，海拔高度相差悬殊，具明显的垂直分布特征。保护区内有松茸、野山参等8种濒危保护植物，有115种野生动物。其中国家Ⅰ级重点保护野生动物紫貂1种；国家Ⅱ级重点保护动物有黑熊、猞猁、鸳鸯等12种。据初步调查表明，

保护区内还有丰富的大型真菌类和植物资源。其中，真菌类 4 科 76 种，蕨类 15 科 47 种，裸子植物门 2 科 18 种，被子植物门 75 科 412 种。因此，保护好天佛指山保护区森林生态系统的完整性，对于本地区生物多样性的保护具有十分重要的意义。

1996 年，吉林省人民政府批准建立天佛指山省级自然保护区。2002 年经国务院批准晋升为国家级自然保护区。2004 国家林业局批复天佛指山保护区总体规划。

2007 年，吉林省机构编制委员会批准吉林天佛指山国家级自然保护区管理局为副处级规格待遇（吉编办【2007】176 号），经延边州编委批复其为隶属于延边州林管局领导的事业单位，与龙井市林业局合署办公，核定编制 55 名，实行双重领导，由龙井市人民政府代管。天佛指山保护区内设资源保护科等 9 个科室，下设 6 个保护站，21 个管护站，27 个管护点，负责保护区的管护工作。天佛指山保护区现有人员 55 人，其中，获大专以上学历人员 45 人，获得专业技术职称人员 29 人（含获高级职称人员 2 人）。在健全保护区管理机构的同时，保护区按照国家《森林法》和《保护区管理条例》等法律法规的规定，完善了保护区的各项规章制度。通过保护区干部职工的共同努力，圆满地完成了保护、恢复、科研和资源合理利用的管理工作。

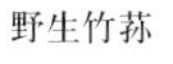

野生竹荪

山萝花

天佛指山生境

天佛指山保护区每年根据管理工作实际，制定科学合理、有针对性的工作计划，注重实施每一个工作细节，并取得了很好的效果。

加大基础设施建设力度，保障各项工作顺利进行。天佛指山保护区成立以来，在上级有关部门和各级政府的高度重视下，累计筹集资金 489 万元，已建成保护区山门 1 处、新建大中型标志牌、宣传牌、解说牌等 70 多个、松茸之乡广场 1 处、40 平方米标本室 1 间，并购置防火、科研设备和器材 100 余件，维修简易管护道路 100 多千米，新建管护点 27 个，设置界桩 635 个，确定天佛指山保护区边界。2011 年又加大投入资金力度，投资 1098 万元用于保护区的基础设施建设，目前正在建设 2800 平方米综合楼（含宣教中心）1 座及相关附属设施，保障了各项工作的顺利进行。

加大保护管理力度，保持生态系统完整性。根据保护区现状和建设要求，立足天佛指山保护区的实际，全区共配备管护人员 325 人，采取定期、定点、定线巡护，加大天佛指山保护区的资源保护管理力度，盗伐林木、乱采滥挖等违法行为基本杜绝。

近几年，保护区管理机构通过采取人工造林、退耕还林、森林防火，病虫害监测调查、预防救助等保护措施，提高了森林覆盖率，不断地增加了森林资源蓄积，确保了生态安全。通过加大保护力度，区域生态质量明显提高。保护区内主要保护对象赤松—蒙古栎森林生态系统，生物多样性日趋完整。随着生态系统的逐渐完整，野生动植物保护成效显著，野鸡、野猪、狍子、野兔等在保护区内随处可见，天佛指山保护区现已成为野生动植物的优良家园。生态系统保护增强了水源涵养能力。龙井市水源地大新水库的水质、水量得到了很好的改善。

保护区一期工程——局址综合办公楼

开展多种形式的宣传、教育，提升保护区知名度。一是利用各种媒体宣传和介绍保护区；二是组织人员积极策划“天佛指山”林产品商标，提高品牌意识；三是连续 3 次成功地举办“松茸节”，在国内外提高天佛指山保护区知名度；四是全面介绍天佛指山的自然风貌和动植物资源，使更多热爱自然的人们感受到天佛指山的魅力；五是组织人员收集资料制作了全面介绍保护区的宣传影视资料；六是开放标本室，组织社会各阶层人士参观生态文化资料；七是整理完善各类科普解说词，完善各种解说牌和配备必要的解说装备，为开展科普宣传、生态文化教育提供了互动平台。通过一系列活动的开展，提高了公众保护意识，提升了天佛指山保护区知名度，为各项建设营造了良好的社会氛围。

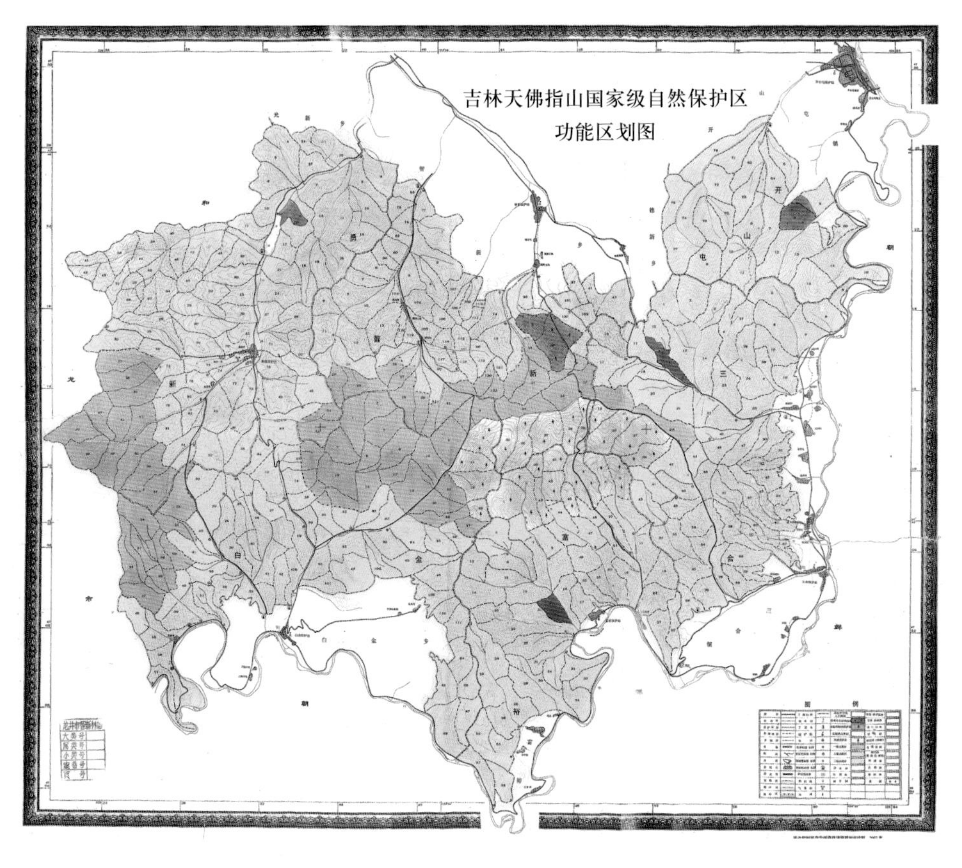

天佛指山保护区成立后，为加强自身队伍建设，每年对所属 6 个保护管理站人员进行业务培训，认真学习贯彻落实相关法规，制定保护管理措施。为全面落实护林防火工作，努力提高森林火灾预防能力，制定了森林防火保护措施。

开展科学考察，掌握保护区资源本底状况。多次开展了对保护区自然地理、生物多样性、人文资源等的科学考察，并同东北师范大学、延边大学、延边林科所等单位联合开展了松茸生态、生物学特性、半人工栽培等项目研究，在生态系统监测和松茸的调查、半人工栽培等方面取得一定成果。在松茸的资源调查、森林生态条件、松茸半人工栽培、纯菌种培养等多方面研究中取得较大进

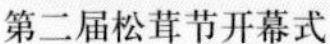
第二届松茸节开幕式

第二届松茸节 松茸舞

第二届松茸节 松茸王

展，研究成果入选国家自然科学基金农业资助项目成果选编和国家自然科学基金委员会资助地区项目成果选编。松茸资源调查作为子课题获农业部全国农业资源区划科学技术成果一等奖。在土壤学报、微生物学报、中国科技期刊文摘等报刊上发表松茸研究论文 20 余篇。

保护区与社区共建，实现共同发展。天佛指山保护区通过深入开展社区共建工作，积极打造社区群众参与保护的平台，实现了社区发展与自然保护双赢。目前，社区经济稳步发展，农民生活水平逐步提高，保护区生态系统日趋完整，野生动植物的种群数量稳中有升。近年来，保护区本着“智力上开拓、技术上指导、经济上适当资助”的原则，与当地村组成立了“社区共管模式”，为社区群众发展种植业、养殖业，改善生产基础设施，推广高效农业、生态林业等，投入大量资金、技术和人力。同时，积极吸纳社区群众在保护区内建立社区巡护队和反偷猎快速行动队，定期开展林区巡护和反偷猎活动。群众参与自然资源保护的自觉性进一步增强，乱砍滥伐、乱捕滥猎等违法犯罪活动日益减少。

松茸资源实地考察

目前，天佛指山保护区内森林生态系统和自然景观保持完整，森林覆盖率高达 88.3% 以上，野生动植物的种群数量有了较大增长，综合保护成效显著。

通过多年来的努力，天佛指山保护区森林覆盖率为 88.3%，保护区原始自然面貌保存日趋完整，为野生动植物资源提供了一个完好的栖息生存环境，使生物种群不断扩大。保护区属图们江流域，有 29 条支流发源于此区，水库是龙井市重要的水源地之一，经计算天佛指山保护区森林蓄水能力为 0.59 亿立方米，年涵养水源产生的效益折合为 2.36 亿元；保护区居民的饮用水源为地下水，由于森林植被的自然过滤及一系列的交换作用，起到了水质净化效果。

天佛指山保护区是长白山地区动植物资源比较丰富的地区之一，是一座天然的博物馆，是森林生态科研和教学的天然实验室，也是环境保护宣传教育生动、真实的大课堂。保护区生态功能的完善将有效保护该地区人民居住的生活环境，提供当地及周围居民可持续生产、生活环境。

为了保护好松茸资源，天佛指山保护区将实验区部分松茸生长地区划给保护区内林农及当地社区群众经营，由保护区对采集、收购、销售实行统一管理，林农享有在承包地块采摘松茸的权利，并承担护林防火、林地保护的义务。保护区负责监督巡护任务。目前，保护区内松茸由保护区成立之前的年产 10 吨左右达到目前 50 余吨的较高产量，按平均每千克 200 元计算，每年总产值可达 1000 万元。

按照生态文明建设的要求，今后将全面加强保护区建设管理，完善各项措施，进一步强化保护区的生态功能。

1. 编制新时期天佛指山保护区总体规划。对保护区建设方向、建设内容进行修订，特别对保护区社会共建、生态旅游及可持续发展等方面进一步完善，以适应当前国家有关自然保护区建设的新要求，推进天佛指山国家级自然保护区事业的全面健康发展。

2. 建立健全各项规章制度、加大执法力度。在现有相关办法、条例的基础上，根据国家对保护区“一区一法”的要求，结合国内先进理念和成功经验，保护区邀请专家进行实地考察，确定符合实际的基准目标和关键目标，建立健全各项规章制度，形成专业执法体系，加大执法力度，做好保护区的保护管理工作。

3. 加大投资力度，提高管理与建设能力。保护区将在上级林业主管部门和各级政府的领导和支持下，从创建和谐社会、推动人与自然和谐共处的大局出发，努力克服现有的困难，在完成保护区一期工程投资后，尽快争取国家对天佛指山保护区二期工程项目的批复工作，通过工程项目建设增强天佛指山保护区管理与建设能力，全面提高工作人员的业务素质和政策水平，做好保护区各项管理工作。

4. 实施综合开发，拉动生态经济

美丽的图们江畔

赤　松

椴树花

天佛指山岳桦林

星毛珍珠梅花

快速发展。天佛指山自然保护区有着独特的地理位置和资源优势，在生态旅游方面有很大的发展潜力。保护区积极筹措资金，用于从三合口岸开始的沿图们江观光森林生态旅游开发项目上，加大自然保护区的综合开发利用率，拉动区域内生态经济快速发展。

随着国务院批准的“以长吉图为开发开放先导区的中国图们江区域合作开发规划纲要”、吉林省政府批准的“延（延吉）、龙（龙井）、图（图们）一体化发展纲要”的出台实施，生态旅游产业将面临重大发展机遇。天佛指山保护区位于“长吉图”和“延龙图”重要节点，地理区位重要，生态旅游资源极为丰富，保护区开展生态旅游业的前景十分广阔。因此，为适应上述区域发展战略和推进保护区自身发展的需要，天佛指山保护区将积极实施生态旅游规划，并加快进行相关生态旅游项目建设工作。

保护区内峡谷地貌

5. 开展松茸野生群落保护与恢复工程项目建设。国内外相关研究成果表明，在夏季干旱的气候条件下，采取施水的方法，对松茸生长地水分条件进行人工调节，可以有效缓解旱情，有助于控制地温、减少高温造成的危害。因此，为切实加强松茸资源保护与恢复，提高松茸资源可持续利用能力，保护区将在一定范围内开展松茸野生群落保护与恢复试验项目。

天佛山国家级自然保护区建立以来，在国家和省林业主管部门的关心和支持下，在全体干部职工的共同努力下，区内生态保护和基本建设工作取得了很大成绩和成功的经验，但也存在一些困难和问题。今后，将进一步弥补不足，扎实工作，切实提高管理水平，更加完善保护管理措施，通过不懈的努力，把天佛指山保护区建设成为生态文明的一流保护区，并为本地区生态经济发展作出应有的贡献。

杜鹃（金达莱）

旱锦带花

苔藓植被

雉　鸡

火山口湖群 钟灵景色秀

——吉林龙湾国家级自然保护区

吉林龙湾国家级自然保护区位于长白山西北麓龙岗山脉中段、吉林省辉南县境内。地理坐标为东经 126°13′55″～126°32′02″，北纬 42°16′20″～42°26′57″，总面积 15 061 公顷，其中核心区面积 5678 公顷，缓冲区面积 5016 公顷，实验区面积 4367 公顷。保护区主要保护对象是以火山地貌为基础形成的湿地生态系统和丰富多样的生物物种及其自然生态环境。

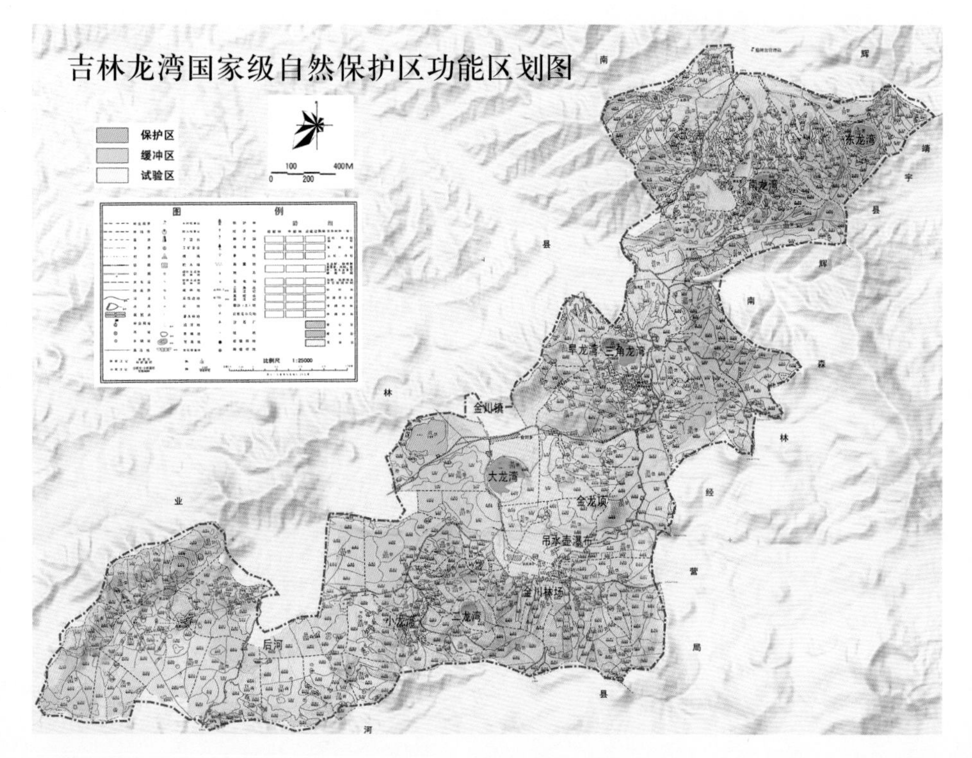

长白山三大主山脉之一的龙岗山脉，早在新生代第四纪早期至全新世晚期，发生过历时漫长、程度剧烈、期次频繁的火山运动，由此造就了龙岗山脉的火山地质地貌特征。形成了形态各异的火山锥、火山口、火山口湖等火山地质遗迹，经过数百年的演替进化，本地区森林茂密、泉流纵横、湖泊（湿地）众多、生物物种丰富多样，构成了本地区独特完整的生态系统，并以火山口湖众多而闻名遐迩。

神秘奇特的龙湾

在长白山龙岗山脉中段，即龙湾保护区方圆不足 30 千米的范围内，由北向西南，呈北斗七星状分布着 7 个龙湾，即：大龙湾、二龙湾、三角龙湾、

大龙湾

二龙湾

三角龙湾

东龙湾

小龙湾

南龙湾

旱龙湾

东龙湾、南龙湾、小龙湾、旱龙湾。它们形态各异、大小不一、深浅不同，面积最大的 82 公顷、最小的 9 公顷，最大水深 127 米，平均水深 60 余米，最高海拔 880 米、最低海拔 600 余米，湖水清澈深幽，久旱不减、多雨不增、不溢不沉，似一颗颗翠玉散落在崇山峻岭之中，在蓝天白云下熠熠生辉，散发着奇特与神秘的气息。或许正是这些深幽湖泊散发出的神秘气息令当地山民敬畏地联想到这是龙生之地，抑或是这些湖泊分布在龙岗之上，当地人将其称为“龙湾”，此后这个山湖名词便由近及远的相传至今。

据中外火山地质专家考证，这些被称之为龙湾的湖泊均为古地质年代（60 万 ~ 150 万年前）火山运动时形成的低平火山口湖，地质学中称其为“玛珥湖”（来自英文 Maar lake 的中文翻译，特指一种低平火山口湖，Maar 一词来源于拉丁文，即沼泽和湖泊的意思）。其成因为：火山运动时，地球深部的炙热岩浆沿着断裂带上升遇到地下水系，当水与火、热与冷机械混合时便急剧气化而喷发，喷发平息后火口坑底切到的地下水与大气降水积集成湖。但其数量之多、密度之大、成因之典型、保存之完整、景色之秀美属国内罕见，故被中外专家誉为“中国空间密度最大的火山口湖群”和“世界最典型的玛珥湖群”。

独特的湿地类型

以火山口湖为基础形成的类型多样的湿地，是龙湾保护区的主要特点。

湖泊湿地类型：由火山口湖湖面上发育而成的现代浮毯型芦苇湿地、熔岩堰塞湖湖边发育的大穗苔草湿地，如大龙湾、旱龙湾、小龙湾等为典型的由火山口湖为基础逐渐演替而成的湿地。

沼泽湿地类型：有草丛湿地（修氏苔草湿地、乌拉苔草沼泽）、藓类沼泽（毛果苔草—钝叶泥炭藓沼泽）、灌丛沼泽、森林沼泽（水曲柳—修氏苔草沼泽），尤以金川大甸子、后河马龙泡、榆树岔水胡林（以水曲柳、胡桃楸为主要树种森林湿地）最为典型。保护区内湿地面积为 3165 公顷，占保护区总面积的 21%，因类型独特、多样而具有重要保护意义。

丰富的物种多样性

吊水壶瀑布

龙湾保护区拥有高等植物108科276属462种，其中国家重点保护植物11种，如东北红豆杉、野大豆、人参、紫椴、黄檗等；有脊椎动物81科279种，其中国家Ⅰ级重点保护野生动物3种，即东方白鹳、金雕、紫貂等；Ⅱ级保护动物有29种。

龙湾保护区有优良的生态系统，森林面积10 584.6公顷，占保护区总面积的70%。广袤的森林和优异的林相为龙湾保护区的生态建设奠定了可持续发展的坚实基础，也为本地区居民的生产、生活提供了优越的生态条件。

规范的管理与建设

龙湾保护区在2004年经吉林省人民政府批准成立了吉林龙湾国家级自然保护区管理局，并划归吉林省林业厅管理，成为省财政全额拨款正处级建制的事业单位，核定事业编制68名。保护局内设12个机构，其中9个机关处室，3个管理站；局领导3人（1正2副），行政办公室6人，宣教中心6人，劳动人事处4人，科研所6人，计划财务处5人，产业处5人，资源保护处5人，天然林保护办公室4人，工会3人，榆树岔保护站7人，金川保护站7人，后河保护站7人。

龙湾保护区自成立之日起，便依据《吉林龙湾国家级自然保护区总体规划》和环境保护部2009年9月颁布的《国家级自然保护区规范化建设和管理导则》，以创建国家规范化保护区为目标，不断细化各项保护和管理措施，履行保护、管理职责。

首先是不断加强保护站管理建设，落实保护管理责任制。为全面、有效保护好区内自然资源，在保护区管理局的统一领导下，全区划分为3个保护管理责任区，并相应建立了3个保护站。分别为榆树岔保护管理站、金川保护管理站和后河保护管理站。

在加强保护站管理建设中，侧重了以下3个方面：一是明确了各保护管理站的责任区域、常规工作、重点保护对象、监测区域及主要任务，制定了相应工作计划和管理目标；二是建立健全了各项管理制度、岗位责任制、监督考核制度；三是坚持了日常巡护制度，并

根据巡护中发现的突出问题，锁定重点区域，及时调整工作重心，有的放矢地做好防范和保护工作，巡护率和巡护覆盖面均达到《龙湾国家级自然保护总体规划》要求。保护站的建设使保护区的基础保护力量得以实化和增强，保证了保护区各项保护管理工作顺利开展和有效落实。

其次是分期实施各项基础保护设施建设工程，不断增强和提高保护能力和水平。在保护区建设一期工程中，完成投资 2594 万元，主要建设项目为：保护区综合楼建设项目、确界立碑、立桩工程项目、重点保护区域围栏网建设项目、湿地围堰修建项目、河道清理项目、湿地蓄水坝建设项目、植被恢复项目等基础工程和设施。

保护区二期建设工程总投资 832 万元，主要建设内容是保护站、保护点建设工程、宣教展馆建设工程以及森林消防、森林病虫害防治防疫、资源调查、管理信息系统和数据库建设、科研宣教等工程项目。这两期建设工程的实施，奠定了龙湾保护区的基础保护能力。

此外通过强化综治措施，清除了违章建筑，杜绝了乱建行为。依据《吉林龙湾国家级自然保护区总体规划》的要求，龙湾保护区先后投资 76 万元，拆除保护区内违章建筑 5 处，收回大龙湾和三角龙湾的养殖合同，有效制止了多起在保护区内的乱建行为，清除和减少了对水体和环境有污染、有干扰的因素，为保护区开展保护工作创造了良好的氛围。

保护区积极开展科研宣教工作，为完善保护区建设管理提供依据和优化社会环境。龙湾保护区成立之初，委托东北师范大学地理系和生物系、吉林省林业科学院和林业勘察设计院等单位组成考察队，对龙湾地区的火山地貌特征、湿地类型、生物物种及种群进行了较为普遍的调查与统计，编写了《吉林龙

龙湾保护区管理局办公楼

巡护队伍

日常巡护

森林湿地

湾自然保护区科学考察报告》。报告中明确了保护区的湿地类型特征及其资源种类、保护价值、保护对象、重点区域和基本的保护原则。在此基础上，主动与大专院校、科研单位和中外专家建立密切的合作关系，依托他们的专业力量开展保护区的科考、科研工作，其中在资源调查研究、水文、气象、环境监测等方面不断取得新成果，形成学术论文30余篇，论证了龙湾湿地的成因、类型、特性和演化过程及保护价值与意义。通过日常监测、数据统计、分析了解湿地变化和发展基本规律，以此为依据不断改善保护措施。2011年，保护区再次与东北师范大学和吉林大学合作，对区内进行本底资源调查，目的就是彻底摸清家底和保护区建立以来资源、环境、生态的变化和改善情况，形成《龙湾保护区资源本底调查报告》，并建立起龙湾保护区野生动植物资源数据库和保护区重点区域水文、物种监测系统，为今后加强保护和深入开展科研与宣教工作奠定基础。

在科普宣教中，龙湾保护区不断创新措施、搭建平台，加强与社区的交流和沟通，利用“世界湿地保护日”等大力宣传湿地保护的重要性，引导社区居民真正地认识到湿地保护能够为社区居民和社会带来的生态效益和经济效益，从而提高湿地保护、生态保护的自觉性，为保护区的建设创造优良的社会环境。

保护区本着一手抓保护、一手抓产业，实现生态建设产业化、产业发展生态化的基本方针，坚持以科学发展观为统领，统筹协调保护和发展的关系，迅速发展森林生态旅游业。依托保护区内的火山口湖、流泉、瀑布等湿

三角龙湾

大龙湾之春

地生态资源优势，倾力培育生态旅游产业。通过近10年的开发建设，管理局旅游收入从2002年的103万元，增加到2011年的2000万元，增长了近20倍，平均每年递增比率近30%，客流总量已达到38万人次，成为国家AAAA级旅游风景区和全国科普教育基地。保护区旅游规模的持续扩大明显带动了关联产业的快速发展，有效缓解了林业企业改革、转制形成的富余职工就业压力，促使林业企业摈弃了传统的木材生产作业方式，实现产业发展方式的成功转型——由“砍树”到“看树”的蜕变。

2008年，龙湾保护区管理区委托北京达沃斯巅峰规划设计院编制完成《龙湾旅游景区总体旅游规划》，该规划已通过省旅游局组织的旅游专家组的评审，并通过了辉南县人大常委会的审议。该《规划》的立意与主旨均严格地遵循了《吉林龙湾国家级自然保护区总体规划》的要求，从保护的角度出发，避免了开发与保护的冲突，限定旅游的规模、区域和容量。

在景区的开发上，龙湾保护区已经有意识地使旅游基础设施建设避开保

龙湾花海

龙湾花海

吊水壶栈桥

护区而逐步向区外发展，把握龙湾旅游面临的各种机遇，努力实现转型升级，正确地认识到龙湾旅游发展不是追求规模和客流量的扩大与增加，而是在质量上实现整体提升，逐渐从普通的观光型旅游向深度体验型、度假休闲型、科普科考型等复合性旅游方向转变。通过森林、湿地生态旅游产业发展，促进当地经济提速，创造更多就业机会，引导社区居民摆脱传统的“靠山吃山”的生产、生活观念，实现发展方式的转变。通过旅游收入的增加来增强和改善保护区的自我发展能力，使生态保护和产业发展形成良性循环和有机互动，让湿地在发挥生态功能和效益的前提下，体现应有的经济效益和社会效应，衍生出更多、更美好的生态型产品！

大龙湾栈桥

吉林珲春东北虎国家级自然保护区位于吉林省延边朝鲜族自治州东部珲春市境内。地理坐标：东经130°17′18″～131°14′44″，北纬42°42′40″～43°28′00″。总面积108700公顷，其中核心区50 536公顷，缓冲区40 571公顷，实验区17 593公顷。2001年10月经吉林省人民政府批准建立省级自然保护区，2005年7月经国务院批准晋升为国家级自然保护区。

虎啸三国 道通三疆

——吉林珲春东北虎国家级自然保护区

吉林珲春东北虎国家级自然保护区是中国第一个以国际濒危物种、国家Ⅰ级重点保护野生动物东北虎、豹及栖息地为主要保护对象的自然保护区。这里不仅是我国东北虎、豹分布密度与数量最高的区域，而且是联系中、俄、朝三国虎、豹自由迁移、维持种群繁衍的生态廊道，在中国乃至世界虎、豹保护战略中具有不可替代的重要地位。

据初步调查统计，保护区有常见的野生植物59目119科314属537种，其中国家级重点保护的野生植物有东北红豆杉、红松、紫椴、黄檗、水曲柳、钻天柳、野大豆、莲等8种；野生动物34目77科183属316种，其中国家Ⅰ级重点保护的野生动物有东北虎、豹、梅花鹿、原麝、紫貂、丹顶鹤、金雕、虎头海雕、白尾海雕等9种，国家Ⅱ级重点保护的野生动物有黑熊、鸳鸯、大天鹅、白额雁等33种。另外，保护区内已知的大型真菌类有12目43科154种，其中，具重要经济价值的有69种；有昆虫14目118科425种。

保护区南部的图们江下游近海湿地也具有极高的保护价值，这里不仅是丹顶鹤等珍稀鸟类迁徙过程中的重要停歇地和栖息地，还多次发现了东北虎活动的踪迹。因此，保护好该区域湿地生态系统的完整性，对于本地区生物多样性的保护具有十分重要的意义。

吉林珲春东北虎国家级自然保护区就像一颗璀璨的明珠镶嵌在东北亚绿色的土地上，来到这里的人们会被秀美

雄性东北虎

壮丽的山河所陶醉，亦会被这里勤劳朴实的人民所感染，更会被大自然中忠诚的卫士所震撼……

保护区管理局成立以来，为了科学做好东北虎、豹的保护工作，本着“科学布局，统筹规划”的原则，实行“局、站”二级管理。在局级设综合处、野生动物保护处、宣教中心、机关支部等4个职能管理部门，下设6个保护管理站，逐步完善了保护区的管理机构；相继申请国家投资近2000万元建设了基层保护站，购置了科研监测、巡护和宣传设备，逐步开展了勘界立桩的工作，为各项管理工作的有序开展奠定了基础。

梅花鹿

东北豹

狍 子

野 猪

在科学研究领域，保护局积极配合吉林省林业科学院、东北林业大学、东北师范大学等科研单位开展了有蹄类动物资源专项调查工作。调查数据显示，珲春地区有野猪1116只、梅花鹿379只、马鹿129只、狍1682只，基本能够满足虎、豹等大型猫科动物的食物需求。同时，保护区管理局也对虎豹开展了长期的监测工作，到2011年末，珲春地区监测到有科研价值

野生东北虎足迹

野生东北虎

2005年9月在珲春防川监测到的雌虎带幼虎的足迹

的东北虎活动信息300余次，豹活动信息20余次。2011年12月和2012年2月分别开展东北虎、豹专项调查发现，珲春地区东北虎6～7只、豹8～9只。与1998年中、俄、美3国专家在珲春调查发现的东北虎3～5只、豹2～4只相比，不仅有了成倍的增长，还多次发现亚成体雌虎和幼豹的踪迹。2012年3月，吉林省野生动植物保护协会与保护区管理局联合开展了虎、豹相机定位监测项目，拍摄到东北虎照片80余次，豹照片40余次，充分反映出珲春地区已出现稳定的虎、豹野生种群，其活动范围也出现了向珲春西部汪清地区扩展的趋势，完全有希望成为中国野生虎、豹种群恢复与扩大的基地。

为了确保东北虎、豹等濒危物种栖息地的安全，打击非法猎捕和销售野生动物及其制品的行为，保护区管理局积极联合公安、工商、边防部队等管理部门，对宾馆、饭店、农贸市场等可能经销野生动物及其制品的场所进行常态化检查，从严从快查处乱捕滥猎野生动物的违法活动，有效地遏制和震慑了乱捕滥猎野生动物资源的违法行为，为野生动物营造了安全的生存环境。同时，保护区管理局同国际野生生物保护学会（WCS）联合开展了SMART巡护系统的试点工作，使保护区实现了从常规化巡护到数字化管理的转型，有效地提升了管理水平。

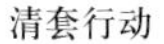
清套行动

森警部队官兵和保护区管理局职工清点清套战果

保护区的建设与发展，始终受到中央电视台、新华社、《中国绿色时报》等新闻媒体的关注。2012 年，中央电视台对珲春开展的“长白山区虎豹定位监测项目”进行了为期一周的现场直播，被国内外各大媒体陆续转载，引起了极大的反响。为了提升珲春的整体形象，保护区管理局联合珲春市人民政府举办了两届“中国珲春东北虎国际文化节”，还邀请了国内外专家学者和文化界名人召开“虎文化与虎保护论坛”。中国野生动物保护协会会长赵学敏同志在珲春亲笔题写：“像保护大熊猫一样保护好东北虎”，充分表达了对珲春东北虎保护事业的希望和关怀。在生态教育方面，保护区管理局连续举办了 11 届“生态环境杯作文竞赛”，组织中小学生赴俄罗斯参加“远东豹节”庆祝活动，开展全市中小学教师生态培训班，起到了“教育一代人、带动两代人、引导三代人”的作用。

多年来，为了带动社区农村积极参与到保护和管理工作当中，保护区管理局积极邀请村民代表和相关部门领导召开会议，共同分析东北虎的致危因素，一起研究解决办法，并通过扶持上草帽村、官道沟村开展蜜蜂养殖合作社的形式，组建农民巡护队，开展无狩猎村的试点工作，初步探索出了一条生态保护和经济发展相结合的新路。新华社也对珲春保护区农民巡护队的工作给予深层次的报道，称赞保护区管理局这一开创性的探索为社区共建和联合保护起到了

巡　护

中国第一支农民反偷猎巡护队

保护东北虎宣传活动

珲春中小学生赴俄参加“远东豹节”

积极的示范作用。2008年珲春被中国野生动物保护协会正式命名为“中国东北虎之乡”。

10年来，珲春东北虎国家级自然保护区管理局为中国东北虎野生种群恢复付出了艰辛的努力。吉林省林业厅副厅长乔恒对珲春东北虎国家级自然保护区管理局的工作给予了高度的评价：“十年努力，历程艰辛，成效明显，影响巨大；珲春市不仅是中国的珲春，更是世界的珲春。”

珲春东北虎保护工作吸引了全球的目光，国际野生生物保护学会(WCS)、世界自然基金会(WWF)、瑞尔保护协会(RARE)等国际组织始终关注着珲春东北虎保护事业的进展。在管理能力建设、濒危物种监测、社区公众教育、反偷猎等方面同保护局开展了长期的合作与研究，并积极推动中俄间虎豹的联合保护。

2010年11月24日，国务院总理温家宝同志在俄罗斯圣彼得堡召开的“保护老虎国际论坛”上指出：“由于人口增加、人类活动范围扩大和生态环境破坏，全球野生虎已经到了灭绝的危险边缘。面对这一严峻形势，国际社会应当真诚合作，务实行动，共同推进全球野生虎保护事业。中国政府将进一步加大野生虎保护力度，使中国野生虎的种群数量显著增长，

吉林省林业厅领导与俄罗斯滨海边疆区代表交换国际合作协议

虎保护国际论坛

台湾著名企业家郭台铭捐款签约仪式

并愿就野生虎保护与世界各国和有关国际组织加强合作与交流，促进野生虎保护这一人类共同事业，使人与自然更加和谐。”他还向国际社会介绍了吉林珲春东北虎保护的成功经验。

2010年，吉林省林业厅与俄罗斯滨海边疆区林业部门在珲春签署了中俄间联合保护的协议。2012年，吉林省林业厅、国际野生生物保护学会联合组织珲春、汪清保护区的专家在俄罗斯斯拉夫扬卡同俄方专家进行了深入的交流和研讨，共同商定于2012～2013年冬季同步开展东北豹的联合调查工作。世界银行也十分关注中国东北虎保护的进展，多次到珲春开展实地调研工作，并已计划实施东北虎保护GEF项目。随着国际合作的深入开展，东北虎一定会成为珲春闪亮的“名片”，加速推进珲春走向世界的步伐。

虎啸三国，道通三疆。历史赋予珲春构建中国野生东北虎恢复生态廊道的重任，珲春东北虎国家级自然保护区管理局将同国内外所有关心和支持野生动植物保护事业的人士一起，为东北虎、豹等野生动物共同营造温馨快乐的生存家园，携手构建安全畅通的“生态走廊”。努力为中国在下一个虎年实现东北虎数量翻一番的战略目标作出卓越的贡献。

丹江碧水 湖泽交织

——吉林雁鸣湖国家级自然保护区

吉林雁鸣湖国家级自然保护区位于吉林省延边朝鲜族自治州敦化市境内，处于长白山脉张广才岭南麓，地理坐标为东经128°11′40″～128°45′30″，北纬43°39′20″～43°51′28″。东以敦化市与黑龙江省省界为界；南界从敦化市与黑龙江省、敦化林业局三者交界处向西沿牡丹江南岸至官地镇；西界由黑石乡丹南村向北沿珠尔多河至额穆镇新集屯；北以敦化市林业局与黄泥河林业局交界为界。保护区总面积53940公顷，主要保护对象为牡丹江上游湿地和黑鹳、丹顶鹤、中华秋沙鸭等珍稀濒危水禽以及东北虎迁移的重要廊道。

蒲草

吉林雁鸣湖自然保护区始建于1991年，是敦化市人民政府批准建立的第一个县级自然保护区；2002年经省人民政府批准晋升为省级自然保护区；2007年经国务院批准晋升为国家级自然保护区。雁鸣湖保护区处于东亚—澳大利亚水鸟迁徙路线上，是珍稀濒危鸟类的主要栖息地和迁徙停歇地。同时，保护区处在哈尔巴岭和张广才岭之间，是东北虎经牡丹江水域生态屏障来往于张广才岭和哈尔巴岭的最佳生态廊道，对于东北虎野生种群的恢复具有重大意义。

雁鸣湖保护区独特的水系分布与地貌特征使该区内湿地类型多样，野生动植物资源极其丰富。该区作为牡丹江上游的泛洪区，在调蓄洪水、净化水质、防止水土流失、维持生物多样性等方面发挥着重要作用。区内湿地是吉林省东部山区非常有代表性的湿地之一，湿地总面积为 18905 公顷，占保护区总面积的 35.0%。保护区有高等植物 63 目 143 科 512 属 1460 种，其中有苔藓植物 11 目 24 科 35 属 50 种、蕨类植物 8 目 20 科 35 属 81 种、裸子植物 1 目 2 科 6 属 11 种、被子植物 43 目 97 科 436 属 1318 种。约占吉林省野生植物种数的 58.6%。保护区有国家重点保护的野生植物 6 种，主要有红松、野大豆、莲、水曲柳、黄檗、紫椴等。还有一些物种因野生资源在全球范围内稀少，成为我国政府履行国际公约中倍受关注的物种，已列入《濒危野生动植物种国际贸易公约》(CITES)。保护区有野生脊椎动物 34 目 90 科 212 属 368 种，其中鱼类 5 目 12 科 34 属 44 种，两栖类 2 目 6 科 6 属 12 种，爬行类 3 目 4 科 8 属 13 种，鸟类 17 目 51 科 129 属 251 种，兽类 6 目 16 科 34 属 45 种。国家重点保护的野生动物有 37 种，其中国家Ⅰ级保护的野生动物 7 种：东北虎、丹顶鹤、黑鹳、东方白鹳、中华秋沙鸭、原麝、金雕；国家Ⅱ级保护的野生动物有 42 种。另外还有昆虫 14 目 118 科 406 属 546 种。鸟类、兽类、两栖类、爬行类、真菌、昆虫和鱼类的广泛分布，表明了动物物种的多样性。

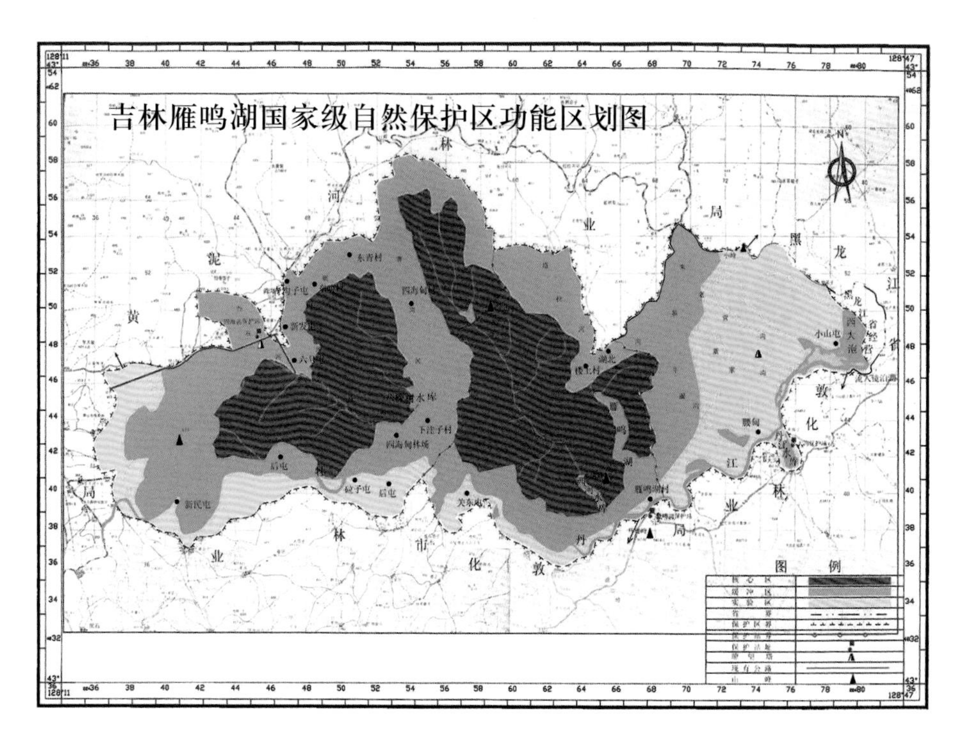

按照《湿地公约》的分类体系，雁鸣湖保护区的湿地可划分为两大湿地系统的 8 个湿地类型。有天然与人工两大湿地系统，天然湿地有 6 种类型：河流湿地、湖泊湿地、泛洪湿地、森林沼泽、灌丛沼泽与草木沼泽；人工湿地有 2 种类型：灌溉地和蓄水区。与吉林省其他湿地类型比较，其大类占吉林省 80%，湿地类型占吉林省的 57.5%，是吉林省湿地资源较为丰富的区域之一。

该区湿地面积中天然湿地面积为 17357 公顷，占该区湿地面积的 91.8%。在天然湿地中，面积最大的是森林沼泽，面积为 8100 公顷；占天然湿地面积的 46.7%；其次是河流湿地，面积为 2800 公顷，占天然湿地面积的 16.1%；居于第三位的是草本沼泽，面积 2450 公顷，占该区天然湿地面积的 14.1%；洪泛地面积为 1600 公顷，占天然湿地面积的 9.2%；灌丛沼泽面积为 1545 公顷，占天然湿地面积的 8.9%；面积最小的为湖泊湿地，面积为 862 公顷，占该区天然湿地的 5%。

保护区内旅游资源丰富。山岳、河湖、森林、岛屿均有分布，景色秀美，独具特色。以雁鸣湖、塔拉湖为主的大小水域 80 余处，盛产各种野生淡水鱼和莲藕。山、水、林组合相映成趣，“小桥流水人家”的乡村气息浓厚。保护区内山林重叠，湖泊交错，丹江澄碧，村

红尾伯劳

灰鹡鸰

金翅雀

黑水鸡

落相望，古迹繁多。是集自然景观、人文景观于一体的风景胜地，是休闲、避暑、度假的旅游佳地。雁鸣湖镇历史悠久，镇内历史遗迹颇多，特别是腰甸“二十四块石”已被史学家认定为渤海历史遗存，具有极高的历史价值。

雁鸣湖保护区是依托敦化市林业局建立起来的保护区，区内有3个国营林场，有林业用地35 717公顷。2000年以前，3个国营林场每年生产商品材7000余立方米，市林业局党委审时度势，站在全市生态建设的高度毅然决定从2000年开始停止采伐，林场职工全部加入了森林管护承包，开始了全面的保护工作。几年来共减少采伐天然林木56 000立方米，有效地保护了这一区域内宝贵的天然林资源，为保护区的发展奠定了良好的基础；加大了保护区的退耕还林力度。几年来，保护区内共完成退耕还林1500公顷、还草300公顷、还湿70公顷，林冠下造林2500公顷。通过上述措施，区内的森林覆盖率由2000年的49.5%提高到2004年的51.8%，生态质量有了明显提高。山更绿了、水更清了、林更密了。

雁鸣湖保护区本着“全面规划、分期实施”的原则，逐步加大了基础设施的投入力度。2007～2008年间建设陆生野生动物疫源疫病监测站，先后购置单双筒望远镜、GPS定位仪、野外巡护车、巡护摩托车等观察定位设备，并设置保护区界碑界桩。

2011年吉林雁鸣湖国家级自然保护区基础设施一期建设工程已全部完成，新建保护区管理局综合办公楼，四海店保护站、大山保护站和大沟保护站。保护区管理局在基础设施建设的投入，为保护区内的鸟类观测提供了物

湿　地

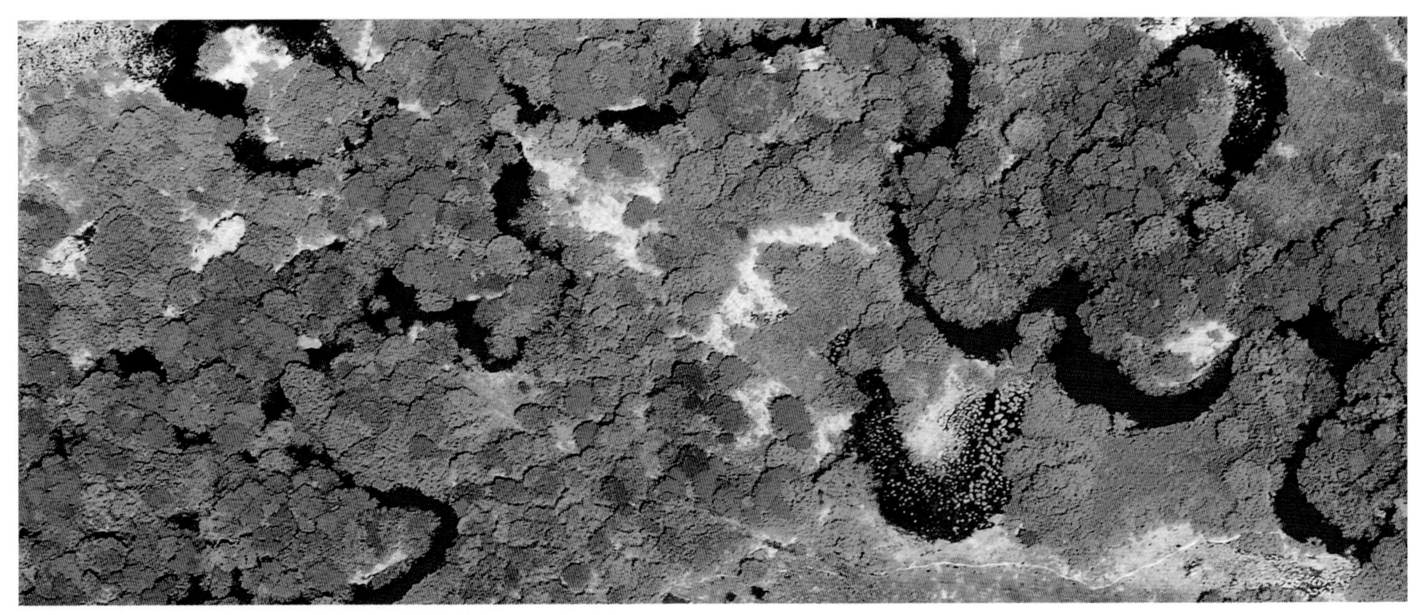
湿　地

灰喜鹊

质保障。保护区工作人员在鸟类繁殖和迁徙季节，起早贪黑在重点区域守候。2006年6月28日早晨在区内小山水库外的西大泡附近首次发现了国家Ⅰ级重点保护野生鸟类——东方白鹳。2008年10月在复兴泡又发现了一大一小两只国家Ⅰ级重点保护野生鸟类黑鹳。目前，国内黑鹳不足1000只，属濒危物种。2009年10月中旬，保护区工作人员日常巡护时，在保护区辖区的牡丹江岸边发现了15只国家Ⅰ级重点保护野生动物中华秋沙鸭。中华秋沙鸭是第三纪冰川期后残存下来的物种，距今已有1000多万年，是我国特产稀有鸟类。其分布区域十分狭窄，数量也极其稀少，全球目前仅存不足1000只。这是在敦化地区首次发现中华秋沙鸭实体，而且数量有15只之多，实为罕见。这说明随着保护区管理力度的加强，保护区内的生态环境得到了有效的改善，使越来越多的水鸟在此生存、繁衍。

为了提高管理水平，保护区管理局先后派出管理人员到长白山、向海、莫莫格、珲春等国家级自然保护区考察学习。通过考察学习，结合本保护区的实际，由敦化市人民政府相继制定了《吉林雁鸣湖自然保护区管理办法》和《在保护区重点湿地内禁牧的规定》，以及《保护区内居民十不准》等规范性管理法规和文件，使保护区的管理做到有法

普通翠鸟

可依，有章可循。几年来，保护区依照管理办法，顶住各种压力，成功地拆除了在保护区实验区非法建造的个体加油站1处，打击各类破坏林地、侵占湿地、乱捕乱杀野生动物、破坏生态环境的案件20余起，救助野生动物60余只。在实践中，保护区坚持教育与处罚并举的

东方白鹳

天　鹅

红嘴鸥

方针，强化综合执法，进行综合管理，充分利用广播电视、张贴宣传画报、设置永久性标牌等各种宣传方式，大力宣传建立保护区的意义，争取区内广大居民的理解和支持，有效地规范了区内居民的行为，取得了良好的社会效应。

在保护区内部，以提高干部职工和执法人员素质为主，实行了全员目标管理责任制，从上到下逐级签订了目标管理合同，使任务到岗、责任到人，坚持以法治区，开展扎实有效的保护工作。为了加大对湿地生态系统及珍稀鸟类的监测力度，保护区设立专门人员在黑鹳、东方白鹳等珍稀水鸟的重要栖息地常年管护。架设人工生态围栏，修筑巡护公路，实施退耕还林、还湿（地）3000多公顷。目前，保护区各项工作进展顺利，逐步走上了科学化、法制化和规范化的发展轨道。

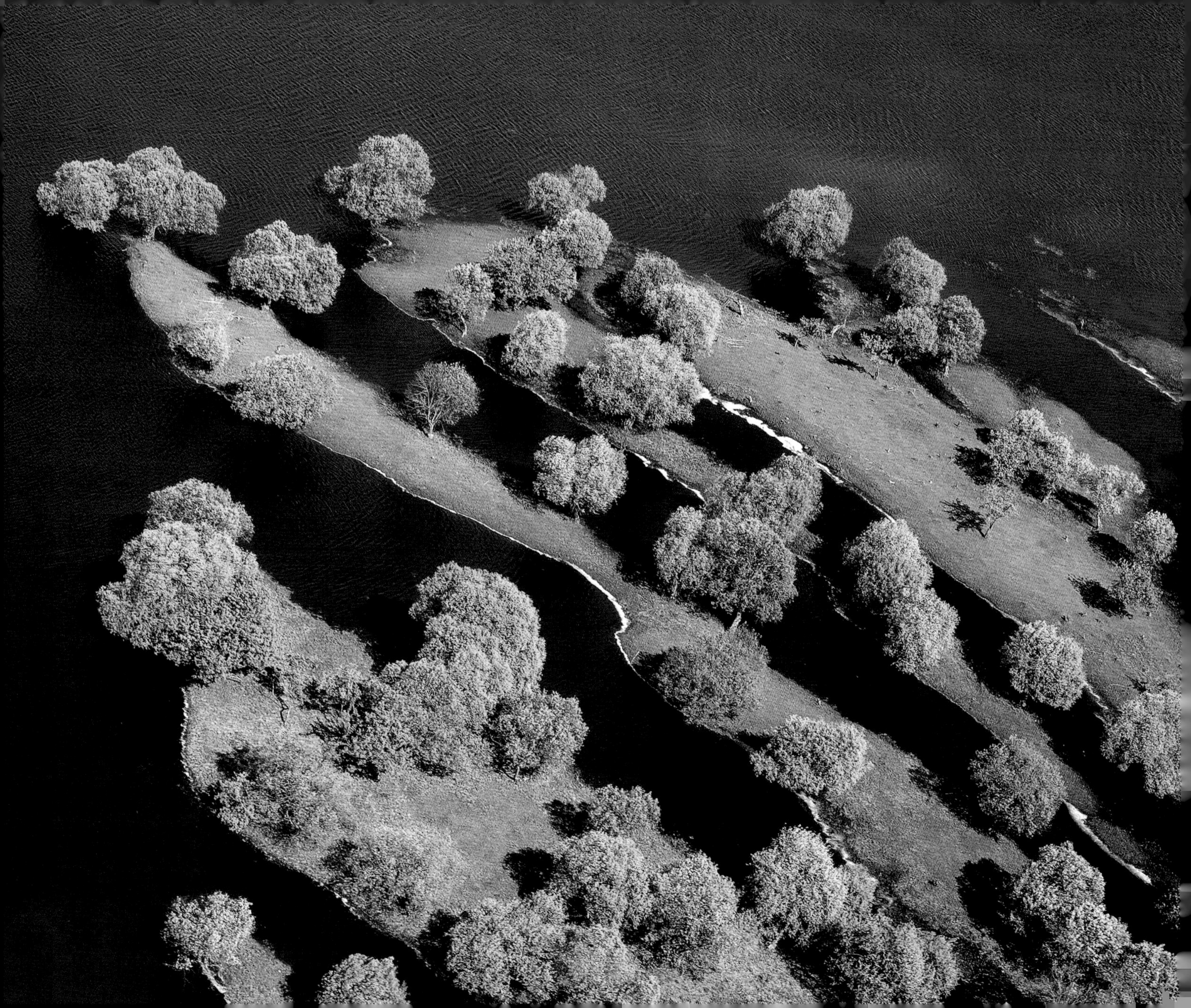

吉林松花江三湖国家级自然保护区地处吉林省东南部，地理坐标为东经126°51′40″～127°45′21″，北纬42°20′10″～43°33′06″，总面积115253.2公顷。主要保护对象为松花江上游水源涵养区的森林生态系统及其生物多样性。

三湖连珠 水塔天成
——吉林松花江三湖国家级自然保护区

吉林松花江三湖自然保护区始建于1982年，当时命名为吉林市松花湖自然保护区，面积35.4万公顷。

1990年，吉林省人民政府在原吉林市松花湖自然保护区基础上批准建立了吉林省松花江三湖保护区，面积扩大为114.5万公顷，成为东北地区面积最大的自然保护区。

2009年经国务院批准，在保留原省级自然保护区的基础上，将区内森林生态系统较为完整、湿地类型较为丰富、珍稀濒危物种的重要栖息地，以及松花江上游水源的集中汇水区等重要保护区域11.5万公顷的保护地晋升为国家级自然保护区。目前，三湖保护区管理局管理着省级和国家级两个自然保护区。

保护区自然情况

吉林省松花江三湖保护区系指松花江上游江段的松花湖、红石湖、白山湖和连接此三湖的松花江水域以及沿湖、沿江周边划定的陆地范围，是以保护森林生态和水资源为主要目的的综合性保护区，保护区位于吉林省中东部的长白山西北麓，属于第二松花江的中、上游河源区，东西宽119千米，南北长196千米。

保护区水系发达，拥有长度在2千米以上河流240余条，集水面积42 961公顷。主要河流有第二松花江、头道松花江、二道松花江、辉发河等。区内因修建水电站而形成三大人工湖泊，即松花湖、红石湖、白山湖，水域面积达72 838公顷，总有效库容为135.8亿立方米，最大库容可达180.0亿立方米，集水区年均径流量136.5亿立方米，占吉林省地表水总量的38.2%。

三湖保护区是东北地区最大的自然保护区，由于其区位特殊和面积广阔，使“三湖保护区”具有重要的地位和作用，主要表现在：是东北地区重要的水源涵养地和水源供应地；是东北最大的水电能源地，具有供应东北能源和电力调峰枢纽的重要作用；是长白山区重要的自然生态体，尤其是区内丰富的自然生态资源和东西贯穿的多级水体和水系，扩展着长白山生态体系的系统功能，为全省的社会经济发展提供了良好的生态屏障，关系着东北地区的生态安全；是重要的生态旅游胜地，具有开展生态旅游的独特潜力和优势。

保护区为第二松花江上游区的主要集中汇水区，是我国东北地区水资源重要的绿色安全屏障，它不仅是松花江下游的吉林市、长春市、松原市、哈尔滨市、佳木斯市等沿江10多个市县人民生活用水和工农业用水的水源地，而且是我国黄河以北地区淡水资源贮量最大、区位条件最好、工程控制能力最强、可利用价值最高的水源基地。松花江三湖区域水资源数量和质量状况、整体环境的好坏，对吉林省乃至东北地区经济的发展，特别是对国家振兴东北老工业基地的发展战略具有举足轻重的作用。

松花江三湖国家级自然保护区位于原省级自然保护区的东部区域，属吉林省东南部，地处长白山西北麓，松花江中、上游的源头区，跨吉林市与白山市境内的4个县（区、市）。

保护区划分为核心区、缓冲区、实验区。 核心区面积为37 686公顷，占保护区总面积的32.7%；缓冲区面积为40 263.7公顷，占保护区总面积的34.9%；实验区面积为37 303.5公顷，占保护区总面积的32.4%。保护区内森林资源丰富，有林地面积为90 655.2公顷，林木蓄积量972.5万立方米，森林覆盖率达79.3%。

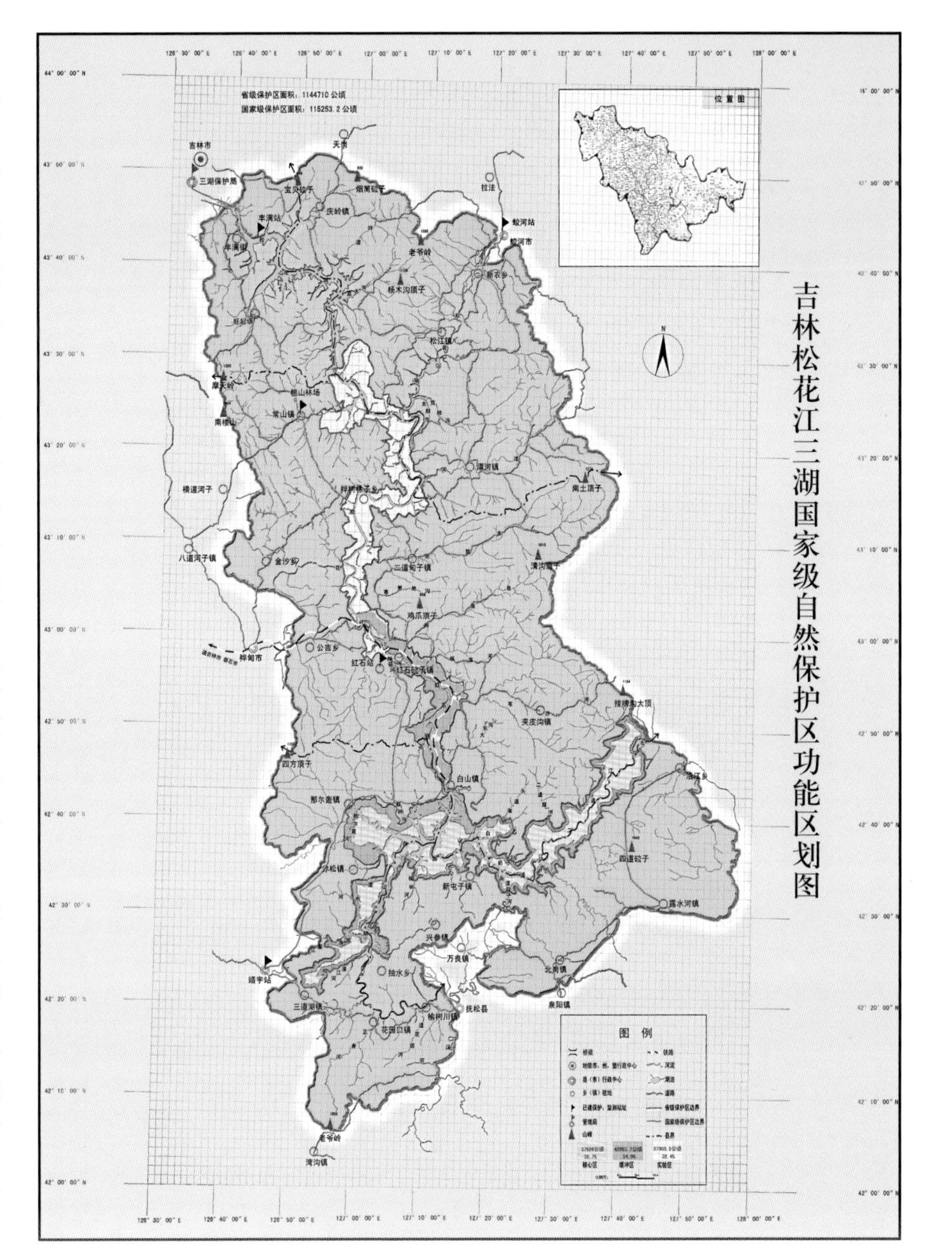
吉林松花江三湖国家级自然保护区功能区划图

白山湖

松花湖

保护区内湿地共有9大类型。其中天然湿地6个类型，即永久性河流、湖泊、草本沼泽、泛洪地、灌丛沼泽和森林沼泽；人工湿地3个类型，有鱼塘、水塘和蓄水区水库。湿地总面积为30 536.5公顷，占保护区总面积的26.5%。其中天然湿地面积为21 531.5公顷，占保护区湿地总面积的70.5%；人工湿地面积为9005公顷，占湿地总面积的29.5%。

三湖保护区是我国长白山区重要的物种基因库，生物多样性十分丰富。据初步调查，有野生植物63目160科526属1489种，其中低等植物地衣1目17科27属57种；高等植物中苔藓植物11目24科35属50种；蕨类植物8目20科35属81种；裸子植物1目3科7属11种；被子植物42目96科422属1290种 。区内有国家重点保护野生植物12种，其中国家Ⅰ级重点保护野生植物有东北红豆杉1种；国家Ⅱ级重点保护野生植物有红松、紫椴、水曲柳、野大豆、黄檗、莲等6种。区内分布野生脊椎动物35目93科403种,其中水生脊椎动物7目15科74种；陆生脊椎动物28目78科329种。国家Ⅰ级重点保护野生动物有东方白鹳、金雕、白尾海雕、中华秋沙鸭、丹顶鹤、白头鹤、紫貂、原麝等9种；国家Ⅱ级保护野生动物有鸳鸯、苍鹰、红隼、马鹿、黑熊、猞猁、水獭等44种。

保护区管理情况

松花江三湖国家级自然保护区管

红石湖

理局为县（处）级建制，是三湖保护区的管理机构，具有行政职能的事业单位，核定编制人数 127 人，实有 94 人，其中科技人员 34 人，行政事业经费由吉林省财政列支。现有资源保护、科技产业、林政管理、宣教信息等 13 个职能处（室），4 个保护站，1 个监测中心站，1 个实验林场共 19 个内设机构。依据其职能，对省级和国家级自然保护区开展管理工作。1994 年 1 月 15 日，吉林省人大八届七次常委会通过了《吉林省松花江三湖保护区管理条例》，为保护区规范化管理提供了法律依据。

三湖保护区自建立以来就得到省委、省人民政府及吉林市委、市人民政府的大力支持。保护区管理机构在抓好自身建设的同时，在协调、指导保护区内自然资源的保护管理和环境保护治理，制止破坏自然资源和环境的违法行为，宣传贯彻有关保护自然资源和环境法律、法规及方针政策，组织调查研究和科学实验等方面做了大量的工作。

探索行之有效的管理机制，创造性地构建了保护区内社区共管共建的模式。三湖保护区的区域面积大，又地跨不同的行政区，工作开展有一定的难度。为了开拓符合三湖保护区实际、行之有效的管理机制，2006 年始，保护区管理局每年组织召开由保护区管理机构和区内地方政府参加的保护区管理生态环境保护工作会议。沟通情况、交换意见，形成了新的保护与开发管理模式，即建立了一种保护区管理机构与区内地方政府社区共建共管的机制。这种机制的建立，一是解决了三湖保护区内管理部门较多，多头管理现象较为突出，不能形成一个统一的综合管理体制，环境保护力度不强、资源开发利用混乱等问题，形成了有效的环境保护联合执法体系；二是在保护区管理局与保护区内地方政府及主管部门之间建立了相互沟通、协调的长效机制，强化了区内环境保护工作，更好地合理利用、开发区内资源。通过近几年的实践，这种管理机制运行良好，对保护区内各项工作的开展起到了积极的促进作用。

强化管理，加大保护区内依法行政的力度，有效打击保护区内违法行为。坚持开展经常性的环境监督检查工作。将保护区内存在的，有共性和趋向性的问题作为检查的重点，近年来特别将近湖区内挖砂、取土、采石、开矿作为检查工作的重点。采取了集中检查与区域抽查相结合的方式，既保证了检查的全面性，又突出了重点，注重抓住具有代表性的重大问题进行整治。我们对保护区内环境保护与资源开发情况进行了检查，对检查中发现的问题能及时解决的及时解决，需要多部门解决的，尽快进行沟通与协调，积极予以解决。

在已经形成的“社区共建共管”机制基础上，保护区管理局每年都会与地方政府联合开展依法行政，打击违法

雾 松

松花湖

混交林

行为。对于群众反映强烈的二道江上采金船违法采金和汞磨违法提金等问题，协调桦甸市政府和抚松县政府同时下发了关于取缔非法采金活动的政府公告，为彻底取缔这种对生态环境破坏严重的违法行为，组织了专项整治行动。近5年来，开展各类执法检查活动400余次，纠正保护区内挖砂采石等违法行为86起，取缔采砂（石）场32处，处罚毁林等林政案件200多起，打击非法采金船采金及汞磨采金活动，取缔非法采金船62艘，取缔（销毁）汞磨50个，销毁（清除）氰化罐（池）19个。通过努力使保护区生态环境走上了良性发展的轨道，同时，也使地方经济可持续发展得到了生态资源方面的保证。

做好保护区内建设项目的前置审批工作。5年来，对丰满水电站大坝全面治理工程、靖宇至松江河铁路工程、抚松康红年产4000吨五味子功能饮品项目等近200个建设项目进行了审核，审核通过履行前置审批手续的项目61项，项目总投资达330亿元，其中附属环境投资9.9亿元。通过前置审批，不但保证了区域生态安全与稳定，同时也对地方经济的发展作出了贡献。

加大《松花江三湖保护条例》及相关法律法规的宣传力度，提高区内居民的环境保护意识。宣传贯彻有关保护自然资源和环境的法律、法规和方针政策是三湖保护区管理局的一项职责。保护区工作人员本着宣传教育工作要做深、做透的原则，长期坚持深入到保护区内，向区内各级人民政府及有关部门广泛宣传保护环境的重要意义，提高政府部门对环境保护工作的认识。同时，注意听取区内各级人民政府对松花江三湖保护区环境保护工作的建议，利用《三湖工作通讯》、标语、图片、录像这些宣传工具，采取灵活多样的宣传形式，宣传国家、省、市有关保护区发展建设的法律、法规，揭露破坏环境的丑恶现象，弘扬爱护自然，保护环境的先进事迹。两年来印制宣传条幅410幅，全部发放到保护区的每个乡镇，使宣传教育工作不留死角。编辑出版《三湖工作通讯》5期，宣传推介三湖保护区，提高保护区的影响力。同时，也主动将环境保护方面的政策和保护区管理局的工作情况传达到各级领导，便于他们及时掌握。

加大投资力度，积极开展保护区基础设施及生态保护工作。三湖保护区的建立对于稳定东北地区生态系统平衡和经济持续发展具有不可替代的重要作用。保护区利用多种投资渠道，开展保护区生物治理工程、松花江三湖自然保护区“三北”四期封山育林工程、松花江三湖自然保护区湿地保护工程、森林生态示范工程等建设项目，总投资近8000万元。通过项目建设使受到破坏的森林资源及生态环境有了明显的改善，自然资源保护效力有了显著提高。同时，保护区自身建设水平也得到明显提升，更新了保护区管理局的办公场所，拟按《吉林松花江三湖国家级自然保护区总体建设规划》要求，建设保护区吉林、白山管理分局。

在“三湖人”20多年的不懈努力下，三湖保护区在生态保护、科研监测、宣传教育、资源利用等方面的管理水平不断得到提高，法制建设和管理制度逐步完善，三湖保护区的发展建设已走上了良性发展的轨道。保护区生态系统得到了更多休养生息的机会，从而发挥更大的生态效益、社会效益和经济效益，对促进吉林经济发展和社会进步，以及应对气候变化都具有重要意义。

泥炭泽国 活水源头

——吉林哈泥国家级自然保护区

吉林哈泥国家级自然保护区位于吉林省通化市柳河县东南部，地理坐标为东经126°04′09″～126°33′30″，北纬42°04′12″～42°14′30″。保护区总面积为22 230公顷，另设外围保护带面积为6400公顷。保护区为“自然生态系统”类别，“内陆湿地和水域生态系统”类型的自然保护区，主要保护对象为以泥炭沼泽湿地类型为主的湿地生态系统和哈泥河源头水源涵养区。

吉林哈泥国家级自然保护区位于吉林省长白山北麓龙岗山脉中段，通化市柳河县东南。东部与南部分别和靖宇县及通化县相邻、北部与西部均属柳河县林业局辖区，东半部属于三岔子林业局施业区。保护区沿哈泥河谷走向呈东北—西南方向延伸。保护区内主要保护对象为以泥炭沼泽湿地类型为主的湿地生态系统和哈泥河水源涵养区。

保护区总面积22 230公顷，其中，核心区面积7940公顷，占保护区总面积的35.7%；缓冲区面积6935公顷，占保护区总面积的31.2%；实验区面积7355公顷，占保护区总面积的33.1%。

保护区是由3个国营林场的一部分和4个行政村所构成。林场为柳河县八里哨林场、凉水河子林场和三岔子林业局胜利林场。4个行政村为回头沟、大甸子、宝山和八里哨。区内总人口为3165人，其中常住人口2984人，占全区人口总数的92.3%。全区人口平均密度为14人/平方千米。主要分布在实验区和缓冲区内，核心区有少部分人口分布。

在人口构成中，以农业人口为主，为1676人，占全区人口总数的53.0%；非农业人口有1489人，占全区人口的47.0%。

保护区内野生动物资源较为丰富。据统计，地衣植物5科9属13 种，苔藓植物22科36属72种，蕨类植物14科19属32种,裸子植物3科6属9种，被子植物87科238属684种。其中国家Ⅰ级重点保护植物2种，国家Ⅱ级重点保护植物9种。

湿地资源

哈泥保护区内湿地类型较为齐全，是吉林省湿地资源较为丰富的区域之一。按照《湿地公约》对该湿地进行湿地类型的划分，保护区内的湿地可划分为9种湿地类型，分属于天然湿地与人工湿地两大湿地系统。天然湿地有6种类型，即永久性淡水湖、永久性河流、森林沼泽、灌丛沼泽、草本沼泽、沼泽化草甸；人工湿地有3种，即鱼塘、水塘、水田。

据统计，该区湿地面积为12 342.2公顷，占该区总面积的55.5%，其中天然湿地面积为12218.2公顷，占该区面积的55.0%，人工湿地面积为124公顷，占该区湿地面积的0.5%。

泥炭资源

泥炭丰富是哈泥保护区的主要特征，总面积约为5700公顷，分布在山间各洼地、河谷滩地、坡麓潜水溢出带、沿河谷两侧呈狭带状分布。由于地形、水文或母质等因素的影响，这些沼泽土可分为泥炭腐殖质沼泽土和泥炭沼泽土两个亚类。

泥炭腐殖质沼泽土主要分布于河谷滩地、坡麓潜水溢出带，泥炭层较薄，约10厘米左右，分解度较高。30%以上呈黑褐色，并混有少量淤泥，其下部为暗灰色亚黏土组成的潜育层。

泥炭沼泽土主要分布于熔岩台地

上的洼地、沟谷和河漫地上。泥炭层厚约 10~15 厘米，其下部为暗灰色亚黏土组成的潜育层。

集中于哈泥河源头——哈泥湿地的泥炭沼泽地富含泥炭土，面积为 1751 公顷，形成于地表过湿或有薄层积水和有季节性冻层的低湿地段，是沼泽植物泥炭化过程的产物。

哈泥泥炭层是东北地区单层厚度最大泥炭地之一。该泥炭层受湖盆控制，边界规则，断面为不对称的透镜体。顶部呈微凹的水平状，在基底相对低洼处泥炭堆积厚。矿层长 5400 米、宽 2300 ~ 2900 米，最大厚度 9.6 米，平均厚度 4.6 米。局部见透镜状黏土层。这里的泥炭层高中、低位相互依存，有机质含量高，总腐殖酸、发热量亦高，呈酸性，容重低，是国内优质泥炭地。

低位泥炭为褐、棕、黄褐色，依上、中、下顺序出现，属泥炭积累的惰性层，该嫌气环境使微生物活性极为微弱，植物残体分解率很低，其植物残体以苔草、桦属为主，其次为落叶松、臌囊苔草、羊胡子草、藓类、芦苇、木贼、禾草及睡菜等。

中位泥炭层近地表呈褐色，深部为棕色，植物残体金发藓为优势种，伴生种为狭叶杜香、羊胡子草、越桔等。

高位泥炭层特薄，厚度仅为 1 厘米左右，产于地表活藓丘之下，该层中微生物比较活跃植物残体分解较快，但仍有一定量的植物残体未能分解殆尽而转入下层。植物残体是泥炭藓、苔草及狭叶杜香，伴生有羊胡子草、落叶松、睡菜、大果毛蒿豆、圆叶毛膏菜等。

哈泥泥炭沼泽地经过 10 000 余年的演化，形成了我国东北地区泥炭厚度最大、沉积最为连续、个体沼泽面积最大的沼泽湿地。生物物种资源蕴藏丰富，其巨厚的泥炭层是全新世以来环境变化的重要地质档案，具有重要的科研价值和极高的生态保护价值。

保护管理情况

1991 年通化市人民政府批准建立“通化哈泥市级自然保护区”，1995 年经市人民政府同意，将保护区划归为林业部门管理，并与水利、环保部门配合，对流域进行监测管理，对哈泥沼泽进行了有效保护。

2002 年，吉林省人民政府以吉政函 [2002]139 号文件，将通化哈泥市级自然保护区晋升为吉林哈泥省级自然保护区。同时，吉林哈泥自然保护区管理机构由原来的管理处更改为管理局，并下设野生动物保护科、湿地保护科、科研科、计财科、宣教中心、办公室等 6 个职能部门和 2 个保护管理站。

2009 年经国务院批准晋升为国家级自然保护区。目前保护区的基本建设已初具规模，人员素质与管理水平都有了较大的提高，各项管理开始步入法制化轨道。

（1）认真做好区划，对保护区实行全方位管理

保护区管理机构按照《保护区总体规划》的要求对保护区进行了认真细致的区划，并对区划的核心区、缓冲区、实验区的区界进行了实地界定，共埋设区界标桩 406 根，明晰了区界界限。在保护区主要入口处设立指示、宣传性标牌 58 块，明示保护区管理规定。为加强对保护区全方位的保护管理，购置了两台巡护车，为两站配备了两台计算机、4 部无线对讲机、3 部卫星定位仪、2 台数码照相机、1 台数码摄像机等巡护设备。并购置了一定数量的监测、巡护、办公等设备，建设了一些监测、巡护设施和道路，使基础设施建设有了初步基础。

（2）加大科研力度，积极开展多种学科的科研活动

为了加大对湿地生态系统及珍稀鸟类的监测力度，保护区利用气象、水文监测点、固定监测样地、固定监测样带，与许多大专院校签订了教学实验基地协

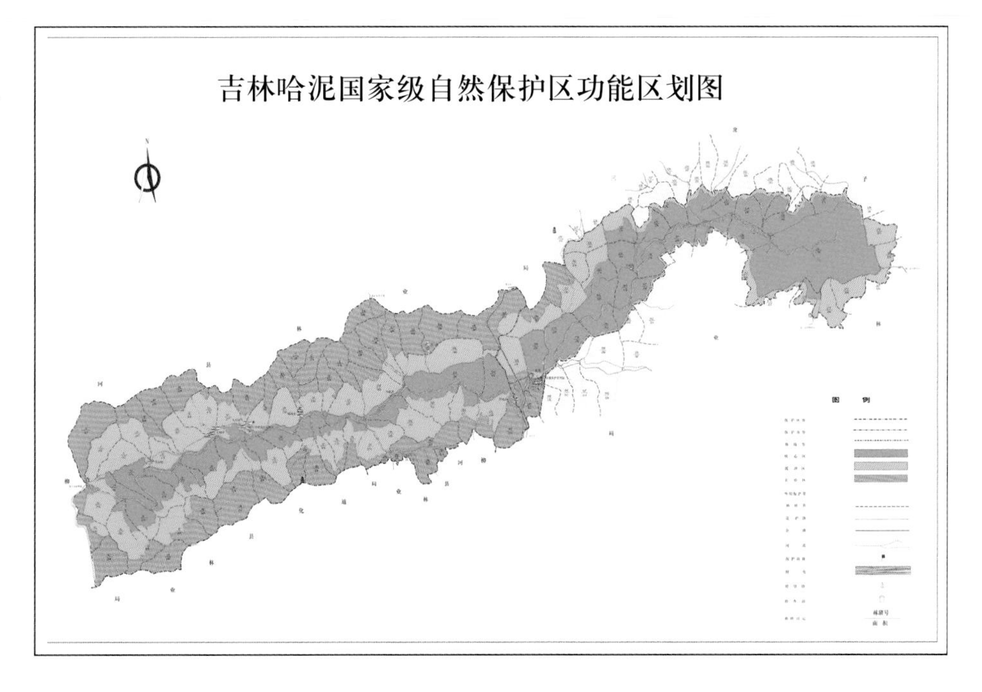

议，支持社会性的湿地研究与保护工作。

东北师范大学的动物、植物、湿地、地质等方面的专家和吉林省林业勘察设计院的专家组成了科学考察队，深入哈泥河上游森林、沼泽、河流等地带进行了多学科、全方位的综合科学考察，获取了大量的第一手资料，并结合东北师范大学沼泽研究所多年考察积累的资料，撰写了科学考察报告，全面系统地评价了该保护区的保护价值和保护职能，针对多种类型的湿地进行了深入系统的研究。同时还运用遥感和 GPS 技术，全面考察了保护区植被和景观格局、湿地类型特征及其资源价值。

为科学掌握人为活动和自然因素对哈泥湿地的影响，及时完善保护管理措施，保护区以两个保护站为核心，分设各类监测样点，专项开展对湿地和珍禽的监测和保护。经过科学的监测和有效的保护，基本摸清了重点保护鸟类的生存状况，使湿地范围内的候鸟生存环境有了明显的改善。

（3）加大宣传力度，实施社区共管

保护区的建设和发展离不开当地社区居民的理解与支持，为了让保护区居民了解有关自然保护区方面的法律法规，自觉地参与到自然保护区的建设与管理中，几年来，保护区管理局积极组织两站人员同村、屯干部一道，广泛深入地开展了宣传、调研、协调和沟通工作，并认真倾听他们对保护区建设的意见和建议，使保护区管理机构和社区组织形成共管机制，为开展好保护区工作奠定了基础。为使宣传工作有声有色、扎实有效，保护区把广泛深入地抓好宣传教育工作作为搞好自然保护工作的第一道工序来抓。开展好一年一度的“世界湿地日”和“爱鸟周”等重大宣传教育活动，普及湿地保护和自然保护区知识，充分调动社会各界力量，开展宣传工作，发放宣传单，张贴宣传标语，设置宣传旗，悬挂条幅，对永固式宣传牌进行了维护和粉刷，建立巡护员责任区标识牌，利用当地农贸集市，设立“自然保护宣传站”、“咨询台”，解答群众咨询等等。春季森林防火期间，保护站同当地林政部门设卡管理，发放入山证。两站人员还通过深入村(屯)开展宣讲活动，利用村（屯）媒体开办自然保护专题节目，出动宣传巡护车，深入村（屯）开展宣传教育工作。通过宣传，形成了协调一致、齐抓共管的良好氛围。

（4）加大治理力度，有效保护好水源地生态质量

保护区内胜利林场、八里哨林场的部分村（屯）沿河而居，大量生活垃圾倾倒河道内，春、秋两季，部分垃圾随水流入哈泥河。针对这种情况，保护区组织人员定期对河堤内生活垃圾进行清理。同时对重点地段由保护站负责看护，严禁居民乱倒垃圾。并投入经费在胜利林场区域内建垃圾箱，雇用人员每天进行清理，彻底改变了多年来的垃圾污染问题。同时，与环保部门配合，对回头沟居民在河堰边养牛造成牲畜粪便污染河水问题进行治理，采取加高河堤的办法，解决了这一问题。

哈泥河由于常年积蓄，夏季汛期河水泛滥，不能正常通过河道，造成河岔增多，河道间河卵石逐年增高，河水

红叶映秋

森林湿地

大量流失，两岸居民农田被毁严重。因此，保护区坚持每年对哈泥河重点河段进行清淤，保障了哈泥河水质，使通化市人民喝到了干净、放心的饮用水。

造林植树，涵养水源是保护区建设的重要内容。几年来，每到造林季节，保护区都在公益林区域内的无林地绿化造林，造林面积达 600 多公顷，补植面积达 1500 公顷，有力地保护了保护区生态环境。

保护区基础设施建设情况

晋升为国家级自然保护区后，在国家、省、市各级人民政府和保护区主管部门的支持下，哈泥保护区开展了基础设施和能力建设，完善了保护管理及科研监测等方面的设施设备，推进了保护区各项功能的有效发挥。2010 年以来，国家发展改革委员会、国家林业局先后批复了"哈泥湿地保护与恢复项目"和"湿地保护补助项目"，用于建设管理用房 500 平方米、宣教用房 200 平方米、保护站两处共 420 平方米；新建瞭望塔 2 座、维修瞭望塔 1 座；野生动物救助站 215 平方米；动物笼舍 530 平方米；巡护道路 20 千米；保护围栏 30 千米；围堰 1 处；固定监测样地 20 处、样带 20 千米；购置巡护、防火、宣教、科研设备 120 台套等。完成湿地植被恢复示范区 3300 亩，向湿地人工补水 5 万立方米，建设湿地植物景观展示区 5300 平方米，移植珍贵树种 800 余株、湿地植物 500 平方米，完成哈泥河清淤 5.5 千米，动用土石方 3 万多立方米，建设河堤 800 米、滚水坝 2 座、保护围栏 5.6 千米。完成确标立界，设置界碑 30 个，界桩 380 个。目前，保护区权属界限清晰、地类范围明确、无土地纠纷。保护区管理局已取得各相关单位的授权或许可，并取得区内各乡（镇）人民政府同意，各类林地、林木等资源管理权交由自然保护区管理局统一行使，保证了保护区自然保护与生态建设的统一开展。

湖泊湿地 烟波浩渺

——吉林波罗湖国家级自然保护区

吉林波罗湖国家级自然保护区位于吉林省长春市农安县西北部，地理坐标为东经124°40′20″～125°59′00″，北纬44°22′30″～44°32′15″，面积24915公顷，属于自然生态系统的“内陆湿地与水域生态系统”类型的自然保护区。

波罗湖自然保护区始建于2004年10月，初期是吉林省人民政府批准建立的省级自然保护区，2011年4月经国务院批准晋升为国家级自然保护区。2012年5月上划为省林业厅直属事业单位。

波罗湖自然保护区内天然的湿地生态系统属于内陆闭流淡水湖泊湿地，是省会长春市最大的淡水湖泊，保护区总面积24 915公顷，其中核心区8397.75公顷，缓冲区5426.88公顷，实验区11 090.37公顷。主要保护对象是波罗湖天然湿地生态系统及鹤、鹳类等珍稀濒危鸟类。

保护区内生境类型多样，草甸、湖泊、沼泽镶嵌分布。湿地类型有湖泊沼泽、芦苇沼泽和狭叶香蒲沼泽。保护区内天然湖泊水域总面积为6870公顷，占保护区总面积的27.57%，所以该区在保护生物多样性、维护当地水土湿润的小气候、保持水土和防范沙尘天气等方面发挥着重要作用，为当地居民提供了不可或缺的生态系统服务功能，为我国产粮大县农安县以及长春市提供生态安全屏障。同时，波罗湖保护区地处松花江流域，位于我国东部候鸟迁徙通道

鸿　雁

上，是鹤、鹳类等东北亚珍稀濒危鸟类的迁徙地，区内的鸟类代表了松辽平原典型的鸟类物种。保护区为迁徙鸟类提供清洁水源、食物和良好的栖息生境。保护区内野生动植物资源十分丰富，有野生植物 55 科 127 属 194 种，占吉林省野生植物的 6.71%，其中有珍稀濒危植物野大豆，其他优势物种有羊草植物群落、芦苇植物群落、拂子茅植物群落、狭叶香蒲植物群落。野生动物有 5 纲 24 目 52 科 198 种，占吉林省野生动物的 45%，其中国家Ⅰ级重点保护鸟类 4 种：丹顶鹤、白鹤、大鸨和东方白鹳；国家Ⅱ级重点保护鸟类 23 种，如大天鹅、鸳鸯、雀鹰等。列入中日候鸟保护协定的有 82 种，列入中澳候鸟保护协定的有 13 种。丹顶鹤、东方白鹳、白鹤等水鸟总数量均达到国际重要湿地标准。同时鱼类资源比较丰富，有野生鱼类 29 种，鲤形目类占绝对优势，为 25 种，占保护区鱼类资源种类的 86.2%，为水鸟提供了良好的食物来源。

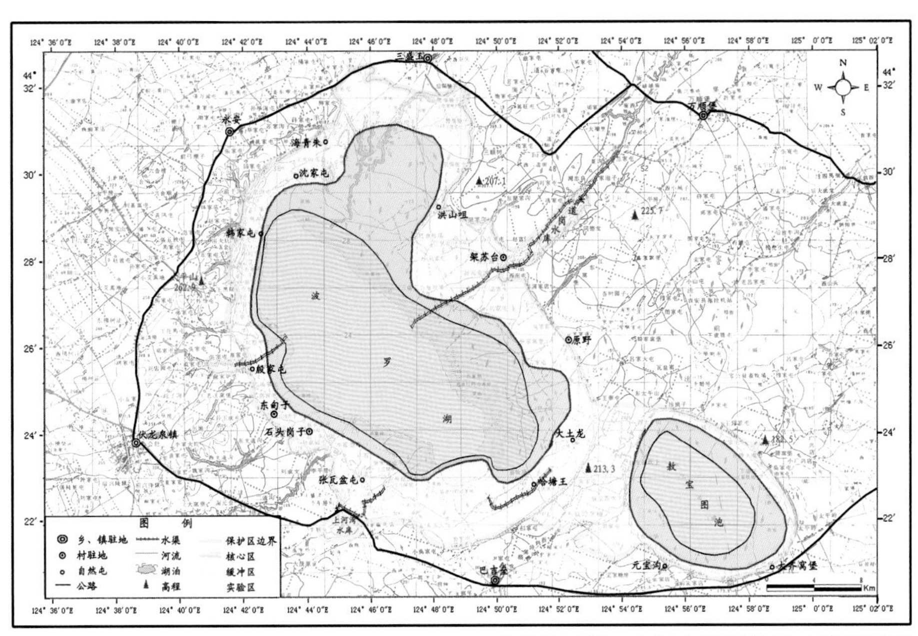

吉林波罗湖国家级自然保护区功能区划图

波罗湖保护区内景观以自然景观为主，是集水、草、苇于一体的天然湖泊湿地，孕育着优良的自然环境、丰富的生物多样性。区内水域辽阔，碧波浩荡；水草丰盛，郁郁葱葱；芦苇丛生，摇曳多姿；群鸟栖息，鸟语花香。每当晴空万里、烟雨蒙蒙、朝霞初放、夕阳西下，都有不同的湿地美景展现在你的眼前。站在湖滨高处远眺，波罗湖烟波浩渺，一望无际，湖中白帆点点，鸟舞鱼跃，构成了一幅壮丽的山水画卷。波罗湖保护区距长春市区 60 千米，因其独特的地理位置和优美的自然景观，被称为省会长春市的生态后花园。在长春市生态建设布局的定位中，长春市南有净月潭，其森林资源被称为长春之“肺”。北有波罗湖，其湿地资源被称为长春之“肾”，表明了波罗湖湿地在长春市生态安全方面的重要地位。

湖泊湿地

波罗湖保护区自从 2004 年建立以来，以科学发展观为统领，以可持续发展理论和加强生态文明建设的整体战略为指导，按照“严格保护，科学管理，合理利用”的方针，坚持以保护和发展区内国家重点保护野生动植物资源和湿地资源为原则，以确保保护区内生态系统的良性循环为目的，立足保护，谋求发展，积极加强保护区的自然资源保护工作，依据有关国家自然保护区条例，结合当地的具体实际情况，明确保护区管理局的主要工作职责，贯彻执行有关自然保护区的法律、法规，制定保护区各项管理规章制度，统一管理自然保护区。2006年经吉林省人大常委会批准出台了地方法规《长春市波罗湖湿地管理若干规定》，于2007年1月1日起施行。2008年经农安县人民政府批准成立了“农安县波罗湖自然保护区综合执法大队”。在保护工作中，保护区管理局制定了各项管理规章制度，加强对保护区水、草、林、苇和野生动物、鸟类依法保护，严厉打击破坏林木、草原，非法狩猎、打鱼等违法行为，使湿地资源得到有效保护和管理。同时省、市人民政府先后投资1000多万元，对引松入波的引水工程进行改造建设。2007年，长春市、农安县人民政府建立了波罗湖长效引水基金，对波罗湖引水基金专户储存，贫水年引水，丰水年储存，滚动使用，有力改善了波罗湖缺水的困难局面。保护区还大力开展科学考察和研究，先后与东北师范大学、吉林大学、中国科学院东北地理研究所等单位合作，对保护区进行全面科学考察，查清本底资源，为保护区进行科学管理、科学保护提供了详实的依据。保护区还积极开展社区共建，每年召开地方政府及大企业的工作协调会，协商解决区内保护问题，同时对社区居民开展生态教育培训，持续开展宣教活动，提高社区居民热爱自然、保护生态意识。

波罗湖保护区发展目标是维持和保护区内物种及自然景观的多样性，为珍稀濒危迁徙鸟类提供安全的停歇地，使濒危迁徙鸟类在保护区内能够正常繁衍、觅食与栖息。在全面保护的前提下，积极加强自然保护管理的基础建设，开展科研监测和宣传活动，加强社区管理，将保护区建成集保护、科研、宣教于一体的管理高效、设施完善、功能齐全和可持续发展的国内一流的国家级自然保护区。

阿尔泰紫菀

芦苇湿地

高山草甸 偃松奇观

——吉林黄泥河国家级自然保护区

吉林黄泥河国家级自然保护区位于吉林省延边朝鲜族自治州敦化市西北部。地理坐标为东经127°51′24″～128°14′45″，北纬43°55′02″～44°06′28″，总面积23 476公顷，是以保护北温带山地森林生态系统和多种珍稀濒危野生动植物物种为主的自然保护区。

老白山台原植被

黄泥河自然保护区属于自然生态系统类别、森林生态系统类型的自然保护区。2000年4月，吉林省人民政府以吉政函[2000]22号文件批准建立。2012年1月，经国务院批准晋升为国家级自然保护区。

黄泥河国家级自然保护区位于吉林省延边朝鲜族自治州敦化市西北部，是吉林省黄泥河林业局的经营区。保护区北与黑龙江省三合屯林业局接壤，西与吉林省蛟河市相邻，南界、东界与黄泥河林业局接壤。包括老白山、马鹿沟、小白、珠尔多河、威虎河、都陵等6个保护站。保护区位于黄泥河林业局辖区的北部，有砂石路与黄泥河镇相通。

吉林黄泥河国家级自然保护区总面积为41 583公顷，区内山地植被垂直带谱明显，属温带山地植被垂直带的典型带谱之一，植被类型多样，有原始性的红松阔叶混交林、鱼鳞云杉暗针叶林、岳桦云杉混交林、岳桦矮曲林、偃松矮曲林、亚高山草甸和高山泥炭藓沼泽等。保护区地处东北虎历史分布区的中心地带，是目前我国现存的东北虎分布区之一。由于黄泥河保护区具有重要的保护价值，受到国际保护组织和学者的广泛关注。

自然资源状况

保护区位于东北区新华夏系构造体系第二隆起带，老爷岭隆起的西南缘，受东西向构造体系和新华夏构造体系的共同控制。

保护区总体地形是北高南低。以火烧嘴子——虎圈沿线为界，北部为中山区，最高峰是保护区北端处于吉黑两省交界的老白山，海拔1696.2米，为张广才岭的主峰。南部为低山丘陵区，最低处为额穆林场南侧珠尔多河河谷，海拔370米。

北部地貌以侵蚀剥蚀中山为主。海拔超过1000米的山峰多达10座。受地表流水的深度切割，山坡陡峭，自然坡度常达20°以上，最大坡度达45°以上，不利于森林采伐，为天然森林植被的存在提供了自然条件。南部低山丘陵，在长期的流水和风化作用下，山势和缓、河漫滩广阔平坦，排水条件较差，在季节性冻融作用的参与下，普遍发育泥炭沼泽。

保护区处于中温带大陆性湿润季风气候区。据额穆气象站资料，年平均气温在2.4℃左右，最冷月为1月，月均温为-19.2℃；最热月7月，均温为

20.6℃，极端最高温度为 35.6℃，极端最低温度为 −39.4℃。日照时数为 2446 小时。年降水量约为 632 毫米。最大积雪深度出现在 12 月至翌年 1 月间，最大积雪深度可达 55 厘米。无霜期 120 天左右。盛行西风，平均风速 2.8 米 / 秒，最大风速为 19.3 米 / 秒。由于地形差异显著，保护区南北的气候状况明显不同。

保护区内地表水隶属牡丹江水系，主要河流有珠尔多河、马鹿沟河、东北岔河和威虎河等。其中珠尔多河是保护区内流量最大、流程最长的河流，属牡丹江的一级支流，总长 80.1 千米，流域面积达 1750 平方千米，平均流量 16 立方米 / 秒，是黄泥河自然保护区重要的水资源和旅游资源。珠尔多河发源于保护区内最高峰——老白山南坡海拔 1500 米左右的坡面沟谷，是由花岗岩的基岩裂隙水汇集而成，流向西南。河床皆由基岩、巨砾和砾石组成。跌水和瀑布密集，山高谷深，水流湍急，水质清澈，pH6.98，属中性水。河流的下游汇集马鹿沟河，河谷宽广，最后在黑石乡丹南屯西北从左岸注入牡丹江。

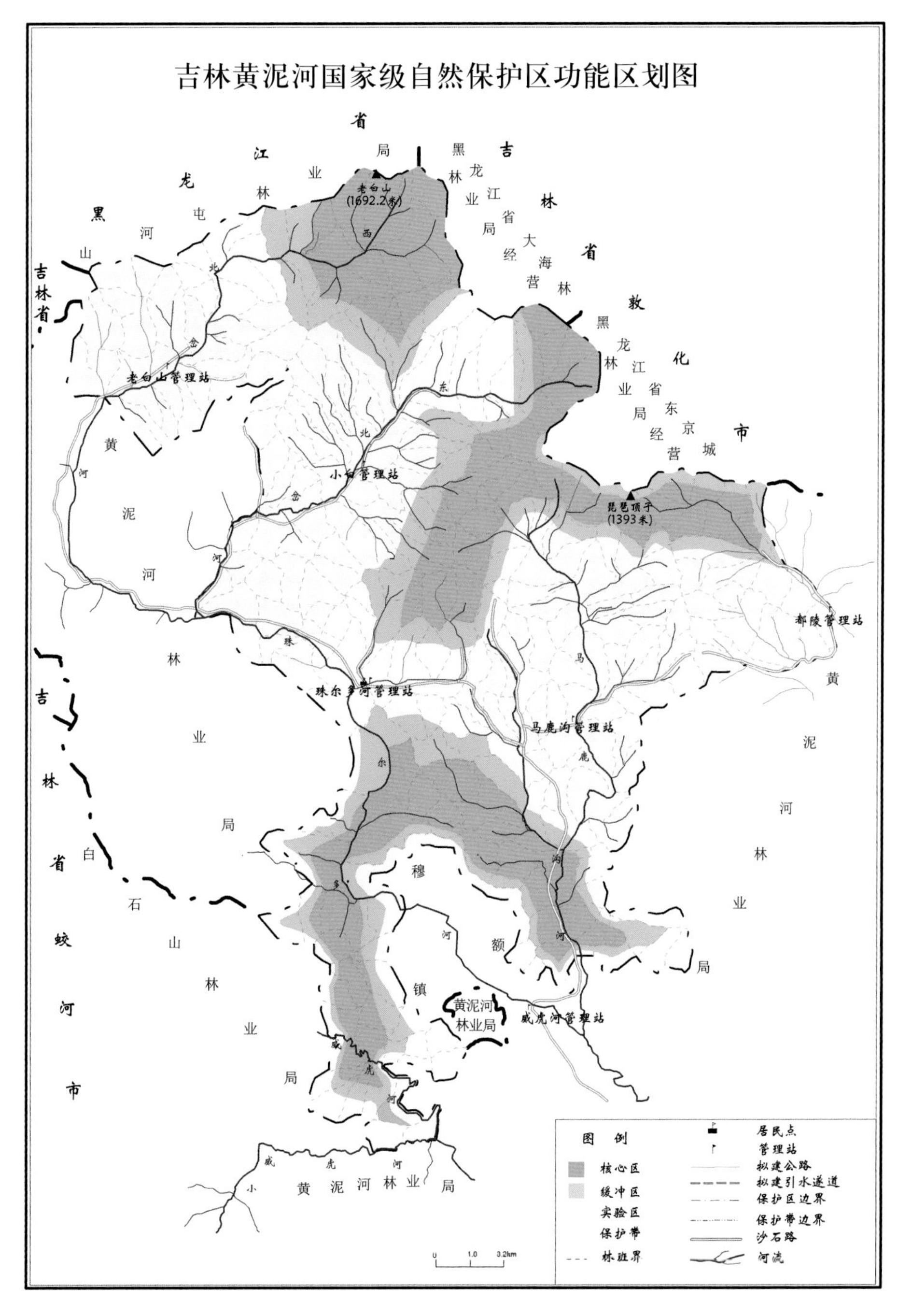

金 雕

在马鹿沟管护站拍摄的马鹿

保护区地下水以基岩裂隙水为主。含水体主要是海西期二长花岗岩和花岗岩。由于构造裂隙发育，风化强烈，含水量十分丰富。单泉流量多在 1 升 / 秒以上，是河流重要的补给来源。矿化度小于 0.2 克 / 升，为重碳酸钙型水。

除基岩裂隙水外，尚有部分松散岩类孔隙水，主要分布在山间河谷之中，为山区河谷潜水，集中于珠尔多河的漫滩和阶地之中，含水体为砂砾石。

黄泥河自然保护区地处温带针阔混交林暗棕壤地带，由于地形、水文诸多因素的差异，使本区除发育地带性土壤暗棕壤外，还发育了沼泽土、草甸土等土壤类型；在中高山体上，由于气候

老白山岳桦林带

植被的垂直分异，相应地发育了山地暗棕壤、山地棕色针叶林土，亚高山森林草甸土及高山灌丛草甸沼泽土、泥炭藓泥炭土等。

由于保护区所处海拔垂直落差大，地形复杂，植物群落类型极为丰富，寒温带地区的绝大部分植物群落和泛域植物群落，也在此形成非地带性植物群落。而从群落的发育看，拥有大面积的原生植物群落，也存在大量的次生植物群落。调查发现，在保护区内的植被型有针叶林、针阔混交林、落叶阔叶林、灌丛、草甸、沼泽、水生植被7种群系，群丛类型74种。

植被类型分为针叶林植被型、针阔混交林植被型、落叶阔叶植被型、灌丛植被型、草甸植被型、沼泽植被型、水生植被型。

生态保护价值

本区地形复杂，山高谷深，山地植被垂直带谱明显，具备5个植被垂直分布带谱，有森林、森林沼泽、灌丛沼泽和亚高山活性炭藓沼泽以及草甸等。

保护区内物种丰富。经初步考察，保护区内有地衣植物、苔藓植物、蕨类植物、裸子植物和被子植物，共计103科250属460种，其中有国家重点保护野生植物7种。本区动物有321种，其中鱼类11科25种，两栖类5科10种，爬行类3科8种，鸟类39科147种，兽类16科41种，列为国家Ⅰ、Ⅱ级重点保护的野生动物30种。

保护区植被保存完整，绝大多数仍然保持着原始状态，人为干扰少，是珍稀濒危物种理想的栖息地。近10年期间，先后多次发现濒危物种——野生东北虎的足迹、粪便及捕食现场等。目前，我国东北虎野生种群仅20只左右，处在濒临灭绝的边缘。黄泥河保护区及其周边记录到虎的数量3只，充分体现了本区物种的稀有性和珍贵性。本区老白山顶部的偃松—棉花莎草—泥炭藓沼泽湿地为我国首次发现的一种独特性的泥炭藓沼泽湿地类型。

黄泥河自然保护区植被垂直带是我国温带山地典型带谱之一，与长白山植被垂直带有所不同，即在山顶部具有偃松矮林带，属于寒温带针叶林带。因此，黄泥河自然保护区植被垂直带具有从温带向寒带过渡的特点。黄泥河自然保护区是松花江上游、牡丹江一级支流——珠尔多河的河源区。山地森林茂密，植被覆盖率高，又有大面积的林间草丛沼泽。因此，对涵养水源、保持水土、净化空气、调节气候、蓄水调洪等

老白山顶部裸石区

都起着巨大作用。

保护区性质及主要保护对象

黄泥河自然保护区是以保护亚高山森林生态系统和物种多样性及其自然生态环境为主的自然保护区。为了达到有效保护的目的，在保护自然植被及其生态环境的同时，与资源合理利用相结合，把保护区建成为集自然保护、科研为一体的多功能自然保护区。

黄泥河自然保护区主要保护的对象是本区特有的亚高山森林生态系统，包括山地的植被垂直分布带、林间草丛沼泽湿地以及本区老白山山顶特有的偃松—棉花莎草—泥炭藓沼泽湿地等。

国家重点保护野生动物有东北虎、紫貂、金雕、黑熊、马鹿等 31 种。

为了有效保护上述各种植被类型和物种，必须保护其赖以生存的生活环境。本区又是牡丹江一级支流珠尔多河源区，因此，保护全区生态环境，对保护全区的自然生态平衡具有重大意义。

保护区建立以来，逐步健全了各项管理制度，形成了垂直领导、交叉管理的工作模式，完善了保护区的功能，提升了工作效率。针对保护区原有基础设施薄弱的情况，多方努力筹措资金，加大投资力度，改善保护区基础设施，先后投资 725 万元建设 6 个保护站及配套设施，增添部分设备，使保护区的工作条件得到较大改善。与此同时，科普、科研工作也取得长足发展。为加强区内居民对野生动植物的保护意识和法制观念，推广生态保护文化，近年来共进行各类宣传教育活动 25 次，科普宣传 8 次，举办 2 次保护区工作研讨会，均收到良好的效果。在野生动物保护研究方面也取得多项成果，其中"马鹿冬季栖息选择"、"吉林省狍的种群数量及动态研究"、"长白山野猪与吉林本地黑猪杂交后代屠宰性能初步研究"等学术价值较高的论文在国家、地方级学术刊物上发表，取得良好的社会反响。

经过多年的努力，黄泥河保护区的生态环境进入良性循环，东北虎、金雕、紫貂、人参等多种珍稀濒危物种得到了有效保护。人与自然和谐相处的环境正在形成。

老白山顶偃松—狭叶棉花莎草—泥炭藓沼泽湿地

岳 桦

老白山云海

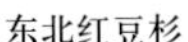

东北红豆杉

水曲柳

松　茸

紫椴叶

吉林汪清国家级自然保护区位于吉林省汪清县境内，地理坐标为东经130°23′07″～131°03′19″，北纬43°05′33″～43°30′17″，包括兰家林场、西南岔林场、杜荒子林场、金苍林场、大荒沟林场，总面积为67 434公顷。其中核心区面积30 056公顷，缓冲区17 923公顷，实验区19 455公顷。保护类型为“野生生物类别”、“野生植物类型”。主要保护对象为东北虎、东北豹、东北红豆杉。

北国红豆 千禧日出

——吉林汪清国家级自然保护区

汪清自然保护区位于吉林省汪清县境内，2002年经省人民政府批准建立省级自然保护区，主要保护对象为东北虎、东北豹和东北红豆杉。2010年该保护区提出了晋升国家级自然保护区的申请，2011年3月15日通过了国家林业局组织的专家论证，2011年12月9日通过环境保护部评审，2013年6月经国务院批准晋升为国家级自然保护区。汪清自然保护区主峰老爷岭位于保护区的东南边缘，是21世纪我国大陆4个“第一日出”首照点之一，并且是我国东北部的唯一观测点。

保护区内有国家重点保护植物8种，其中Ⅰ级保护植物1种（东北红豆杉），Ⅱ级保护7种（红松、黄檗、水曲柳、松茸、钻天柳、野大豆、紫椴）。重点保护野生动物有34种，其中Ⅰ级保护动物6种（东北豹、东北虎、紫貂、原麝、金雕、梅花鹿），Ⅱ级保护28种（黑熊、水獭、马鹿等）。

东北红豆杉是第三纪孑遗树种，是世界上公认的濒临灭绝的天然珍稀抗癌植物，有植物界“大熊猫”之称。红

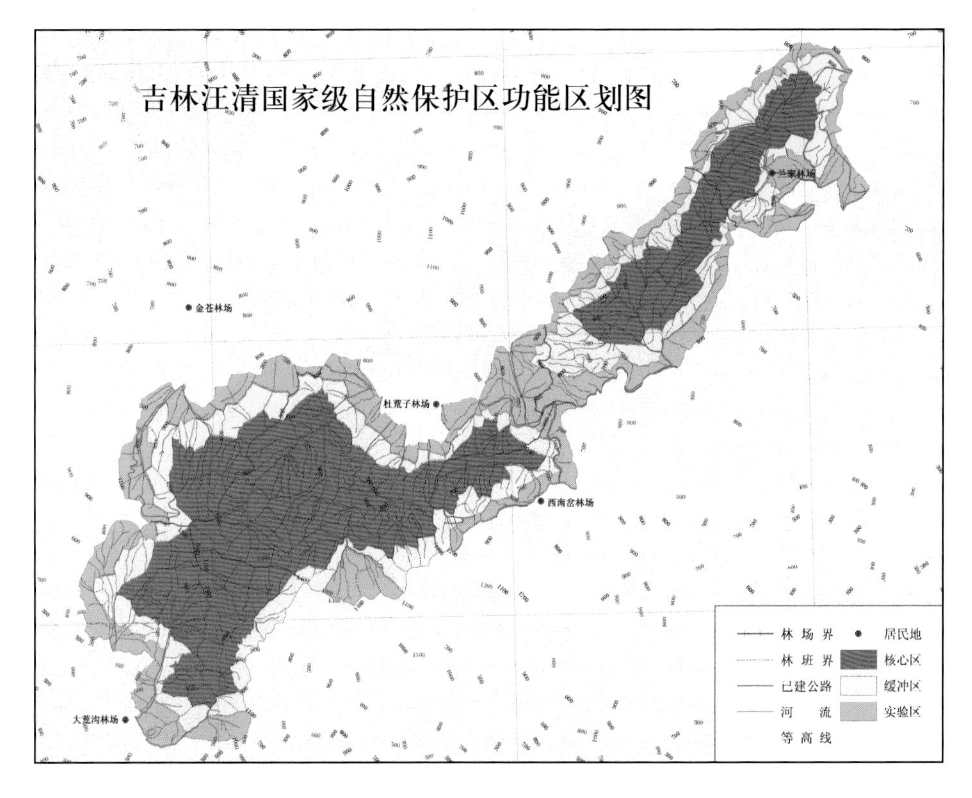

豆杉属植物内含治疗癌症和恶性肿瘤的红豆杉醇，具有很高的药用价值。汪清自然保护区的气候特征适宜东北红豆杉生长，是东北红豆杉天然分布的集中地区，种群数量庞大，是保护、科研开发的理想场所。汪清自然保护区是绥芬河、图们江、密江的重要水源地，保护区植被对下游的生态安全和水土保持具有重要意义。

汪清自然保护区是东北虎、东北豹的重要分布区，保护区内植被保护良好，生境破碎化指数较低，生境类型多样，有大量的有蹄类动物在此生存栖息，为虎、豹提供了丰富的食物来源，成为其重要的栖息地。吉林省野生动物保护协会和世界自然基金会组织编制的《中国长白山区东北虎潜在栖息地研究》，在长白山景观区中确定了9个东北虎保护优先区，汪清保护区被设定为东北虎保护第一优先区，是东北虎重要的栖息地和向内陆扩散的迁徙廊道。在这一跨境迁徙中，汪清保护区因距吉林珲春东北虎国家级自然保护区约有20千米，成为俄罗斯—珲春—长白山这一迁徙廊道的关键节点。

保护区建立后，根据国家有关规定及主管部门的定编标准，结合管理局实际情况，组建了自然保护区管理局，设立局长1名，副局长1名，总工1名。保护区内设综合处，主要负责野生动植物的保护、科研、宣教及保护区晋级和晋级后保护区初期建设工作，拟定保护区管理机构的岗位责任与职责范围。

按照保护总体规划的要求，对全区按照分区管理的原则进行核心区、缓冲区、实验区的区划工作，完成了简介标牌、宣传标牌、指示性示牌、限制性标牌的制做及安装工作。对区划调查得到的数据进行搜集、整理、录入工作，做到了数据化管理。

汪清自然保护区与省内科研单位、大专院校对保护区内东北红豆杉资源

我国第一次利用远红外相机拍摄到的东北豹照片（2011年9月19日）

在杜荒子林场拍摄到东北虎吃剩的死马残骸

黑 熊

原 麝

狍 子

蓝 莓

保护区森林景观

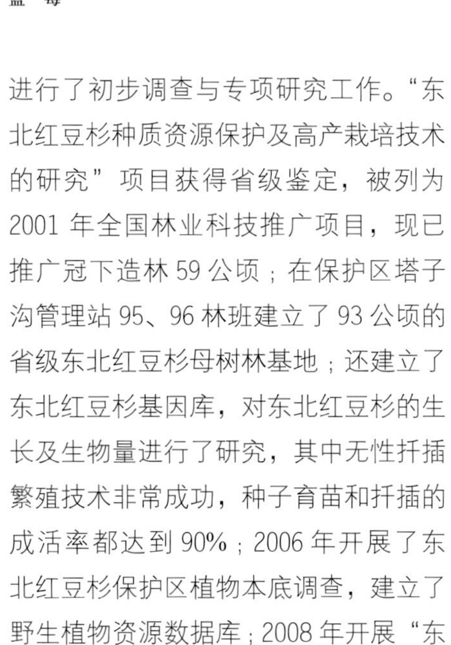

进行了初步调查与专项研究工作。“东北红豆杉种质资源保护及高产栽培技术的研究”项目获得省级鉴定，被列为2001年全国林业科技推广项目，现已推广冠下造林59公顷；在保护区塔子沟管理站95、96林班建立了93公顷的省级东北红豆杉母树林基地；还建立了东北红豆杉基因库，对东北红豆杉的生长及生物量进行了研究，其中无性扦插繁殖技术非常成功，种子育苗和扦插的成活率都达到90%；2006年开展了东北红豆杉保护区植物本底调查，建立了野生植物资源数据库；2008年开展“东北红豆杉园林绿化深度开发及优良木选育的研究”；2011年开展了“东北虎生活习性与森林类型关系的研究”项目。

开展清山清套专项活动，严厉打击投毒、网捕、枪击、下套等非法猎捕、杀害野生动物等违法行为。制定了反盗猎工作管理体系，组建了野外巡护监测队伍，巡护队员采用全球定位系统定点记录的方式进行巡护，建立了MIST反盗猎执法信息数据库，为反盗猎执法提供了科学依据。

加强国际交流，合作开展野外调查、监测以及有蹄类种群恢复工作。引进了德国、瑞士、马来西亚、俄罗斯等国先进的理念和技术，进行了有蹄类样方调查，虎、豹样线调查，栖息地恢复调查等研究。与北京大学、北京师范大学、世界自然基金会（WWF）合作，在野外共同架设了200余部远红外相机，用于开展虎、豹及生物多样性长期监测工作，为虎、豹等珍稀濒危物种及生物多样性和生态系统的保护提供基础科学数据。在有蹄类密集区建立补饲点，针对东北虎、东北豹的主要猎物进行人工投喂饲料。世界银行（GEF）组织专家到保护区视察社区建设情况，并投资开展建设东北虎栖息地恢复示范区，推进

黄菠萝

理杂志、腾讯 QQ 基金会等组织联手发起“点亮东北虎回家之路”、“爱虎行动”等志愿者活动，提高了公众对东北虎等野生动物保护的关注度及认知度。此外，中央电视台、吉林电视台、延边州电视台、腾讯微博、延边晨报等媒体多次播出和报道野生动物保护工作成果，起到了广泛宣传的作用，增强了人们对野生动植物保护的关注度。

建立群众举报制度，巩固全局禁猎成果。野生动植物保护是一项群众性很强的工作，必须发动群众、依靠群众才能真正达到保护的目的。建立了群众监督举报制度，设置了举报电话。对群众反映举报的问题，本着“从严、从速”的原则，认真查处。同时，根据实际情况给予举报人一定的奖励，充分调动广大群众保护野生动物的积极性。举报制度实施以来，有效地震慑了非法盗猎人员，为保护野生动物工作建立了良好的群众基础。

由于实施封山育林，禁止砍伐、放牧、农耕、采集等一切生产活动，加上行之有效的保护管理措施，汪清自然

东北虎友好型森林经营管理工程建设和社区替代生计建设工作，提升了保护管理能力与社区经济发展水平。召开“吉林长白山野生东北虎保护与恢复建设工程规划研讨会”，与省内专家共同规划东北虎恢复的具体措施和实施项目，为东北虎保护工作的开展奠定基础。

加强宣传教育工作，提高群众保护意识。利用广播、板报、标语和发放宣传单等形式向广大职工群众和村民宣传《中华人民共和国野生动物保护法》和《吉林省野生动物保护条例》等法律、法规。2011 年，与世界自然基金会共同制作宣传标语牌 1500 块，独自制作巡护人员指示标牌 16 块，警示标牌 20 块，简介标牌 10 快，印发宣传单 3000 余份，悬挂宣传条幅 100 余条，张贴标语 100 余张，2012 年制作简介宣传牌 5 个，标语 2 万块，宣传单 2 万分，板报 9 块，条幅 12 条、标语 42 块。每年的“爱鸟周”期间，在全局 13 个林场广播宣传《中国野生动物保护协会爱鸟护鸟倡议书》、我国《野生动物保护法》等法律、法规和国家政策，加强广大群众的保护意识。

与世界自然基金会、中国国家地

补 饲

反盗猎行动

架设远红外相机

解 套

远红外相机拍摄的东北虎照片

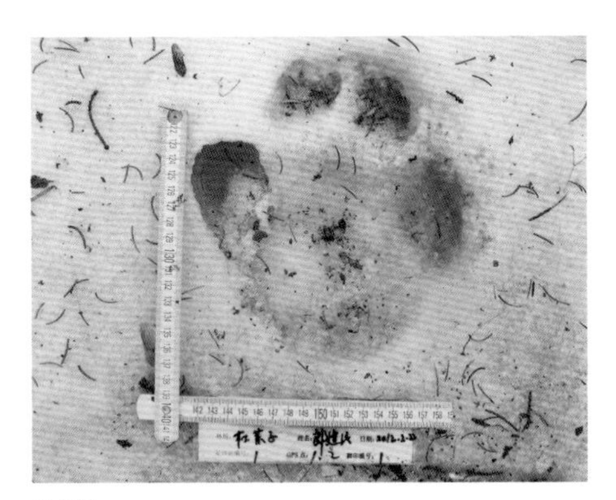

豹足迹

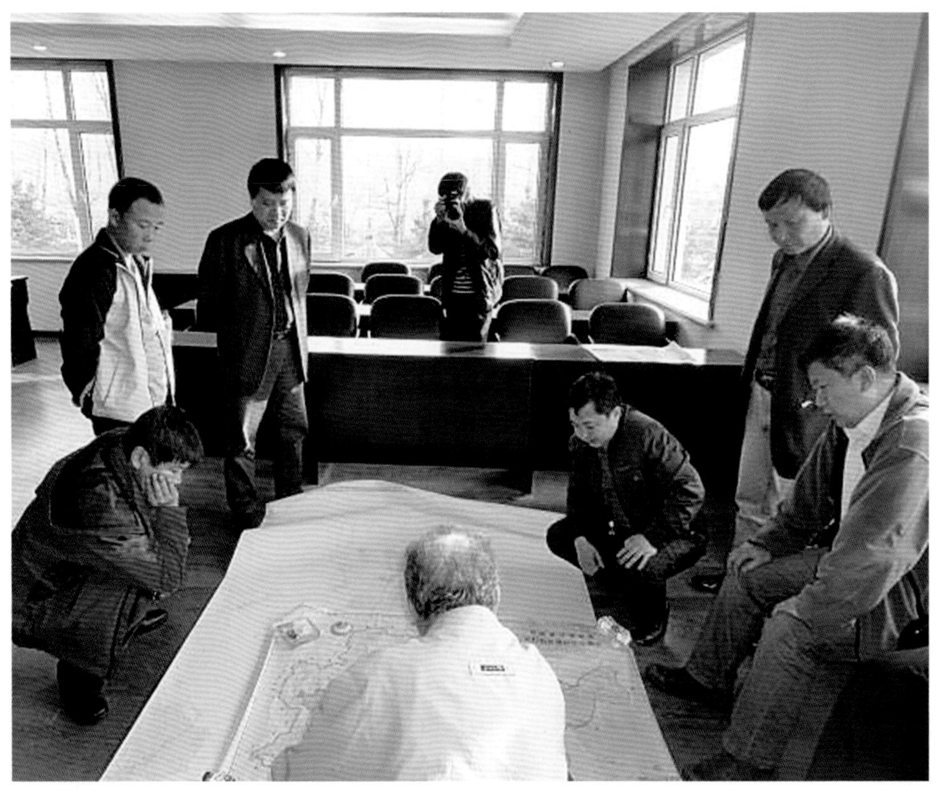

野生东北虎保护与恢复研讨会

保护区内森林正向顶级群落演替，物种多样、食物链完整，良好的生态环境和完整的森林生态系统蕴育着丰富的野生动植物资源。自 2008 年以来，保护区内出现了东北豹、东北虎足迹 8 次。近年开始利用远红外相机，先后拍摄到东北虎和豹的影像资料。但东北虎的野生数量远远低于东北的极危物种——东北豹。共摄东北豹图像 7 次，拍摄 20 次视频（其中在同一相机点多次拍摄）；此外，保护区工作人员还目击了一只东北豹的活动过程。专家认为，这进一步证明了汪清自然保护区辖区内存在定居、独立的野生东北豹繁殖种群，而不是从中俄边境游荡过来的个体。除了东北豹和东北虎这两种极为珍稀的野生动物以外，保护区内还频繁拍摄到原麝、紫貂、梅花鹿、豹猫、黑熊、貉、狗獾、猞猁、黄喉貂等野生动物的影像资料，进一步证实了保护区内物种多样性极为丰富，虎、豹及其猎物的栖息环境得到了明显改善。

2011 年 12 月 1 日，保护区管理局获得世界自然基金会授予的“全球野生虎生存捍卫奖”，并荣膺该奖中的“最佳巡护监测奖”，多名保护区工作人员被评为“东北虎保护先进个人”；保护区管理局被国家林业局评为保护森林和野生动植物资源先进单位，荣获了全国生态建设突出贡献奖等多项殊荣。

志愿者活动

东北红豆杉

省级自然保护区

PROVINCIAL NATURE RESERVE

- 次生林生境 种养实验区——吉林左家省级自然保护区
- 美人婷立 松姿神怡——吉林长白松省级自然保护区
- 植物区两系 垂直带谱明——吉林石湖省级自然保护区
- 梅花鹿鸣地 松茸保护区——吉林明月省级自然保护区
- 松茸之香 沁及三疆——吉林珲春松茸省级自然保护区
- 紫色山岗 河湖沼泽——吉林包拉温都省级自然保护区
- 香獐栖息地 仙境金银峡——吉林白山原麝省级自然保护区
- 江河密布区 泛洪削峰地——吉林扶余泛洪湿地省级自然保护区
- 物种聚集地 生态多样区——吉林集安省级自然保护区
- 药源丰富 仙草圣地——吉林抚松野山参省级自然保护区
- 低山物种源 古城罗通山——吉林罗通山省级自然保护区
- 哈达余脉 伊通河源——吉林伊通河源省级自然保护区

吉林扶余泛洪湿地省级自然保护区

吉林包拉温都省级自然保护区

吉林伊通河源省级自然保护区

吉林罗通山省级自然保护区

吉林集安省级自然保护区

吉林省林业系统省级自然保护区分布图

吉林左家省级自然保护区

吉林长白松省级自然保护区

吉林明月省级自然保护区

吉林珲春松茸省级自然保护区

吉林抚松野山参省级自然保护区

吉林白山原麝省级自然保护区

吉林石湖省级自然保护区

次生林生境 种养实验区
——吉林左家省级自然保护区

吉林左家省级自然保护区位于吉林省吉林市左家镇，地理坐标为东经126°01′38″～126°11′58″，北纬44°00′49″～44°07′49″，总面积5544公顷。保护区于1982年经吉林省人民政府批准建立，主要保护对象是次生林生态环境。

吉林左家省级自然保护区地处长白山地向松辽平原过渡的低山丘陵地带，区内山峦起伏，溪流交错，林木茂盛，野生动植物资源十分丰富。据调查统计，保护区内共有野生植物83科800余种，有蒙古栎、黑桦、春榆、糖椴、色木槭、水曲柳、樟子松等木本植物，其中药用植物300余种；有野生动物150多种，

狐

毛皮动物保种场

水　貂

其中鸟类 113 种。

左家自然保护区山清水秀，景色宜人，地处吉林、长春两市之间，交通方便，保护区清新优雅的自然环境是人们春游踏青、消夏避暑、观赏珍奇动植物的理想去处。

左家自然保护区成立以来，制定了《吉林省左家自然保护区管理办法》，全面加强了区内自然资源的保护工作。特别是保护区紧紧依托中国农业科学院特产研究所，坚持立足产区、面向全国、服务“三农”，以特种经济动植物为主要研究对象，围绕发掘、利用、保护珍贵、稀有、经济价值高的野生动植物资源，深入开展应用基础和开发研究。近 30 年来，左家自然保护区承担了国家及吉林省多项科研项目，取得突出的成绩。与此同时，保护区与左家特产研究所始终坚持以社会主义新农村建设为己任，送科技下乡，促农民增收，已成功引种、驯化经济动物 21 种，极大地丰富了我国特产业的养殖品种。多年来，保护区成功培育了山葡萄、北五味子、软枣猕猴桃、山楂等药用植物和寒地果树 53 种，尤其是西洋参的引种、人参高产栽培技术等成果，推动了我国人参种植业的快速发展。

梅花鹿养殖基地

养殖梅花鹿

保护区远眺

美人婷立 松姿神怡

——吉林长白松省级自然保护区

吉林长白松省级自然保护区是1985年经吉林省人民政府批准建立的省级自然保护区。保护区地理坐标为东经128°06′24″～128°07′46″，北纬42°25′25″～42°27′01″，位于长白山北坡，海拔690米左右的二道白河河流冲击平原上，呈南北窄带分布于长白山池北区。

吉林长白松省级自然保护区面积112公顷，为森林生态和野生植物类型自然保护区，主要保护对象为长白松(松科松属的常绿乔木)，这是欧洲赤松分布最东的一个地理变种。

保护区内长白松占80%以上，达86 000余株，平均树高22米，百年古松树900余株。长白松最高树龄在380年以上，最高达32米，胸径最粗达100厘米。是单优性的森林植物群落，属胡枝子—长白松林群落类型。保护区林下植被丰富，有20余种灌木，草本植物约100余种。栖息有少量松鼠、蛇、蛙、鸟等动物。

长白松自然保护区所处地域气候为温带大陆性山地气候，土壤为火山灰上发育的暗棕色森林土壤，表层主要为火山砾和火山灰，排水良好。各种林龄结构和各种乔、灌、草、藤等植物与苔藓、菌类混生在一起，组成一个生机盎然、生生不息的自然演替生态系统。

现存的长白松树龄最大的400年左右，说明明朝后期这里就有长白松生存。那时的原有面积曾达1000公顷以上，南起长白山熔岩高原，北至二道白河中下游，是大片郁郁葱葱的长白松林。1644年，清朝为保护祖先发祥地，开始封禁长白山。1881年解除封禁，开始招垦，充实边务，从此人烟渐集。从1940年起，日本侵略者为围剿东北抗日联军王德泰部队，从松江、明月镇沿途各地强制移民100户到此地建村——二道白河屯。伐树盖屋、修筑围墙，使这片长白松惨遭破坏，大树几乎砍伐殆尽。1940年春，这块长白松林又遭大火洗劫。一斧一火，原始长白松林几近毁灭。1950年，人民政府开始管护这片森林，形成了今天这片由原有树木和其种子天然更新的后代组成的长白松林。

长白松是长白山独有的、列为国家Ⅰ级重点保护的珍稀树种，是长白山生物多样性的重要组成成分。它的分布面积很有限，数量少，是一个难得的生物遗传基因，长白松自然保护区对于拯救濒危植物种源，保护利用这块难得的长白松遗传基因储存地，在生物多样性、自然生态演替方面有着极高的科学研究价值。

吉林省白河林业局自 1973 年就将长白松列为珍稀树种重点保护。在保护过程中开展了行政立法、科学研究、病虫害防治、森林防火、修筑围栏、自然保护宣传和开发生态旅游等一系列工作，最大限度地降低了人为活动影响，防止了人畜对长白松的危害，保持了长白松保护区生态的基本良好，长白松的保护管理在不断的探索实践中取得了可喜的成绩。

长白松古松最集中区段的“美人松苑”，是长白山游览的一处靓丽景点，“美人松苑”内有长白松 2000 余株，古松 300 余株，3000 余米的游步道掩映于几十种野生花草树木之中。这里一年四季美人松苍劲挺拔、迎风傲雪、婀娜俊美，各种野生花木葱笼、争芳吐艳，怡人景观各不相同。到此游览的客人无不被美人松那生机盎然的神韵和俊美风姿所感动。“美人松苑”已成为人与自然和谐共处的缩影。

1985 年 1 月，吉林省人民政府批准成立长白松省级自然保护区。1999 年 3 月，吉林省第九届人大常委会批准实施《延边朝鲜族自治州长白松省级自然保护区管理条例》。1999 年 8 月，国务院批准将长白松列为国家Ⅰ级重点保护植物。1999 年 12 月，延边自治州林业管理局批准白河林业局成立长白松省级自然保护区管理处。2006 年 7 月，在其林权仍属白河林业局的前提下，长白松省级自然保护区管理处成建制划归长白山管委会。由此，长白松自然保护区在长白山管委会的“统一规划、统一保护、统一开发、统一管理”的开发建

冬日长白松

设中，又迎来了新的发展机遇。

长白山管委会秉承“保护第一”和可持续发展的理念，给予了长白松自然保护区持续的保护投入，让长白松自然保护区在贯彻“全面规划、积极保护、科学管理、永续利用”的方针，实现长白松保护区的科学管理，促进经济社会发展与构建和谐生态社会的进程中又上新台阶。

长白山池北区大力开展了长白松保护区周边环境的综合治理，调动环保、土地、公安、民政、综合执法等各部门，清理了保护区周边人为的脏乱差环境，清除了私搭乱建的违规建筑，投入60余万元将历史遗留于长白松保护区内的79座坟墓迁出，消除了森林火灾、破坏生态的重大隐患，遏制了对长白松林的侵占和损伤现象。

保护区在加强职工队伍建设和效能管理中，立足工作实际，强化责任制落实，根据季节不同确定工作重点，克服保护区战线长、入区路口多、周边环境复杂等不利因素，使野外巡护制度化、规范化，有效地维护了长白松自然保护区的生态安全。

努力推进长白松自然保护区病虫害防治监测基础建设，持续开展长白松林下植被、长白松生长量调查，建立长白松自然资源基础档案。通过悬挂害虫信息素诱捕器，开展防治松毛虫害会战，挂放鸟巢招鸟防虫等行动，取得了较好成效。

广泛开展自然保护宣传教育，拉近保护与群众生活的距离，缓解保护与群众生产、生活的矛盾。联合学校开展长白松认养活动，培养“爱我家园，保护自然”的社会风尚。周边群众自然生态保护、森林防火忧患意识明显提高，长白松保护区内火情及破坏植被事件明显减少，生态系统较为稳定。

制定实施《抗自然灾害保护长白松应急预案》，减少各种自然灾害对长白松的损伤。种植皂角生物保护围栏，减少人为活动的侵扰。

长白松

游长白松林

严格控制管理保护区周边污染源，修建相应的排污设施，清理长白松自然保护区生活垃圾，维护保护区良好的生态环境。

不断增强对美人松观赏区的建设投入，发挥长白山“迎客松”的名片效应，创造长白松自然资源最好的社会效益。

以自然生态环境良好、基础设施配套、体制顺畅、管理高效、生态特色显现为目标，推进能力建设，优化管理体系，完善管护设施，逐步把保护区建成自然生态平衡、综合效益突出的先进自然保护区。

长白松保护区宛如一块天然翡翠镶嵌在绿海跌宕、万顷碧波的长白林海之中，是大自然馈赠给长白山资源宝库的一颗璀璨明珠。

长白松树干通直、挺拔，色泽鲜艳，下部棕红，上部棕黄色，树皮成薄片状微微剥离，树冠宛若美人的簇簇秀发，苍翠欲滴，树形线条优美，树枝弯曲俊俏，亭亭玉立，婀娜多姿，古朴、典雅，端庄而又妩媚，整株树形望之如云鬓金摇的古代仕女，被誉为“美人松”。

美人松

美人松在这里构成一道奇异的自然景观，它作为长白山的“迎客松”，迎迓着世界各地的游客。“畅游长白山、醉赏美人松”，但凡来长白山的客人无不被美人松的风姿所折服，与美人松结下了“醒时眼前立，睡时梦中来”的绵绵情愫。

目前，以保护区长白松观赏为中心的“美人松苑”、“水上公园”和“雕塑公园”已组合成为一个湖光翠色、松涛起伏、鸟语花香、禽戏鱼跃，令人赏心悦目、流连忘返的旅游景区，逐步成为区域内弘扬生态文化，促进人与自然和谐发展的理想场所。

长白松自然保护区与该区域的社会生活息息相关，随着时间的推移，人们对美人松的认识更加深入，善待自然、尊重自然风气渐浓，构成了一道人与自然和谐共处的风景线，长白松保护区已成为人与自然和谐发展的鲜明标志。

吉林长白松省级自然保护区建立以来，认真贯彻落实国家及吉林省有关自然保护法律法规，依法保护区内生态环境和自然资源，扎实履行职责，加大管护力度，努力促进长白松生态环境的完善和正向演替，在“生态、魅力、和谐”长白山建设进程中，长白松自然保护区的保护事业前景光明，呈现出健康、快速发展的喜人景象。

植物区两系 垂直带谱明

——吉林石湖省级自然保护区

吉林石湖省级自然保护区位于吉林省通化县东南部的石湖镇境内，地理坐标为东经126°10′50″～126°16′15″，北纬41°21′39″～41°24′27″，面积为1505.7公顷。保护区地处长白山系老岭山脉，平均海拔700米左右；保护区内山势陡峻，沟壑纵横，土壤为山地暗棕壤，系温带湿润地区阔叶混交林育的土壤。

石湖保护区远眺

吉林石湖省级自然保护区位于长白山南部老岭余脉的北侧，吉林省通化县东南部，保护区地势呈南高北低的态势，其核心区直线距离与中朝边境仅20千米。区内具有丰富的野生动植物资源、生态旅游资源和人文景观资源，因此具有很高的保护价值、旅游价值和科研价值。

1993年3月12日，经省人民政府批准（吉政函［1993］155号），吉林石湖省级自然保护区正式建立，其幅员面积为1505.7公顷，其中核心区面积为659.4公顷，实验区面积为846.3公顷。保护区属长白山脉老岭山系，区内海拔最高处为老秃顶子，海拔1589米，最低处为大罗圈河河谷，海拔约560米左右。区内基本上为山地，浑江一级支流大罗圈河为区内唯一的水系。气候属大陆性季风气候，平均气温为4℃左右，年降水量900毫米，是全省降水较多地区，年无霜期140天左右，年平均风速小于2米/秒，且多西南风。保护区内植被以森林为主，森林幅盖率达95%以上。

石湖自然保护区是一个以保护长白山脉珍稀濒危特有生物物种和珍贵野生动植物及其生态环境为主要对象的自然保护区，现有国家重点保护野生动物20余种，占吉林省重点保护野生动物的27%。保护区内共有野生动物150余种，有123种被列入省级重点保护野生动物名录，占吉林省省级重点保护野生动物的31.5%。保护区内现有野生植物800余种，其中国家级重点保护野生植物10种，省级重点保护野生植物有51种。

国家Ⅰ级保护野生动物有原麝、金雕、紫貂。国家Ⅱ级保护野生动物有黑熊、鸳鸯、松雀鹰、花尾榛鸡、鸢、苍鹰、普通鵟、燕隼、红脚隼、红角鸮、领角鸮、雕鸮、长尾林鸮、长耳鸮，水獭、猞猁。

除国家重点保护野生动物之外，尚有一些在吉林省乃至全国比较珍稀的种类，如圆口纲的东北七鳃鳗，分布区狭小，仅产于东北地区的少数地区；鱼纲的吉林巴鳅、杂色杜父鱼也是分布范围小、生态条件要求严格的冷水性鱼类。两栖纲的爪鲵更是在其他地区难以见到的。

在此区分布的野生动物中，有些

种类有着较高的经济价值，如中国林蛙与黑龙江林蛙几乎遍及全区的各河流，是宝贵的野生动物资源。爬行纲的蝮蛇可提取贵重的蛇毒，是有待开发利用的动物资源。

保护区内有国家Ⅰ级保护野生植物红豆杉，国家Ⅱ级保护野生植物红松、钻天柳、野大豆、黄蘖、紫椴、水曲柳、松茸、对开蕨等。

保护区虽然地处老岭北，但许多岭南生长的植物在此也有分布，如天女木兰、灯台树、雷公藤、大叶兔儿伞等。同时有许多植物又属于长白区系的典型代表植物，如红豆杉、鱼鳞松、红松、刺参、山参等。老岭山系南北植物在这里交汇使得这里的植物成分复杂，植物种类和植物资源的多样性在这里得到了很好的体现。

保护区内的最高山峰为老秃顶，为长白山系老岭山脉第一高峰，海拔1589米。保护区内有一条盘山小路可达山顶。自海拔1200米以上，视野非常开阔，在不同的海拔位置，不同的气象条件，能够观察到不同特色的天象景观。观察天象景观最佳的位置在老秃顶瞭望台上和海拔1500米处。主要的天象景观有霞光、日出以及多姿多彩、变幻无常的云朵。

由于周边没有太高的山峦阻挡，因而天象景观视点非常好。拂晓，烟水弥漫，山林沉沉。一轮红日喷薄而出，霞光万道，天地万物如披金纱，绚丽壮观；黄昏，晚霞映现，一抹残阳落于山间，流光溢彩，红透了半边天，原来苍翠欲滴的林木此刻变得有如秋天般的温柔，泛着淡淡的暖色，一片火红。 从老秃顶瞭望塔向下约70米，在高山草甸与森林交界处，有一块巨石略微凸出，形成一个约3～4平方米的平台。该处海

老岭森林植被

拔1500米左右，是天然的观景台。远处层峦叠嶂，云蒸霞蔚，山峦隐现在云海中，似天宫楼阙，如仙境般飘缈，确有“等高俯平野，万壑皆白云。身在白云中,不知云绕身”之感。山雨欲来时，积云或层层叠叠似鱼鳞，或连绵奔涌如黛山，云海翻着浪花从天边涌来。几条细细的薄雾缠绕于山腰之中，使得整座山变得犹如仙境一般，游人淹没在云雾中，飘飘欲仙；天晴无云之时，视野极为开阔，能清楚地看到朝鲜境内人们生产、生活情况。站在瞭望台或观景台眺望山林、蓝天、白云，俯瞰景区，美景尽收眼底,犹如李太白登泰山之感叹“凭崖望八极，目尽长空闲”。

据水体景观资源调查，保护区内的水景大部分为山涧小溪，虽不宽大浩淼，但却透着秀雅和灵气。每年3月溪流仍不开化，沿山体形成十余条冰瀑悬挂于山间，冰清玉洁，使寂静的山林变得生动起来。

由于丛林密闭，许多溪流只能近观，很难看到其全貌，却也增加了幽静之美。保护区内大大小小的溪流约10余条。比较大的有石湖溪、十四道沟溪和十六道沟溪，景色较为秀丽，沟内巨石累累，形成众多的瀑布和叠水。诸多的涓涓溪流最终全都汇集到石湖溪中，石湖溪从保护区的最深处随形就势、蜿蜒曲折、缓缓流下，有时犹如一缕清丝飘于险峻的山涧，有时犹如一层薄雾浮在平滑的河床之上。沟槽上宽下窄，流经沟槽的水下落时淙淙有声,错落有致。水声叮咚悦耳，溪流一路欢歌。

在保护区十四道沟内有大小两个瀑布及众多的叠水，较大的瀑布在十四道沟的深处，距离沟口约4千米，瀑布落差13米。在丰水季节，瀑布区水声隆隆，水流沿着近90度的石壁飞流而下,丝丝缕缕好似缥缈的发丝随风而动，冲到谷底的水花在青翠的岩石上四散飞溅，宛若珍珠散落。瀑布下形成10平方米左右的水潭。距离大瀑布约100米处，有一个较小的瀑布，落差约5米，

钻天柳

棕黑锦蛇

长尾林鸮

极北小鲵

毛脚鵟

石湖瀑布

宽近4米，水流沿着布满青苔的巨石潺潺流下。大小瀑布及众多的叠水水质清澈晶莹，周边怪石或聚或散，分布自然和谐，伴着幽幽青草和爬满苔藓地衣的百年老树，自然天成，精巧雅致。大小不一的瀑布叠水，是保护区广阔森林景观中的亮点。

由于地形地貌所致，保护区内水景的特点是自然、灵动。目前，保护区内有3个较大的水体。第一个水体位于保护区内主干道一侧，面积约120平方米，最深处水深近2米。是观景、休憩的好地方。第二个水体位于十四道沟与石湖溪交汇处，地形较为开阔，面积达20余亩，主要是大面积的沼泽。该处生长着杨树、枫树、柞树等树体较大的乔木和毛榛、东北山梅花、刺五加等灌丛。第三个水体位于十五道沟口，水深30厘米左右，是以红松为主的森林湖泊，映衬周边姹紫嫣红的各种野花，为该区域增添了秀丽的景观。

保护区核心地区保存有原始森林，其植被类型复杂，原生性强，垂直带谱明显。分布着暖性针叶林、常绿落叶阔叶混交林等。多位专家学者来石湖保护区进行考察研究。普遍认为，该区是一处保存完好的原始森林，集古老、珍稀、濒危于一体，具有极高的保护和科研价值。经过多年的保护，区内自然资源、动植物物种得到了有效的保护，健全的食物链和稳定的森林环境，使保护区成为野生动植物栖息繁衍之地。

天女木兰

对开蕨

野大豆幼苗

梅花鹿鸣地 松茸保护区

——吉林明月省级自然保护区

吉林明月自然保护区位于吉林省东部，延边朝鲜族自治州的中部偏西地带的安图县北境，长白山北麓的明月盆地。地理坐标为东经 128°37′30″～129°9′45″，北纬 42°56′10″～43°26′15″，总面积 10 万公顷。

吉林明月自然保护区于 1999 年经省人民政府批准建立，属于森林和野生动物类型自然保护区。主要保护对象为松茸等珍稀濒危野生动植物及其生态环境。

明月自然保护区内野生动植物资源及野生食用、药用菌类资源十分丰富，有国家重点保护野生植物东北红豆杉、红松、紫椴、黄檗、水曲柳、野大豆等；有国家级Ⅰ级重点保护野生动物梅花鹿、紫貂等，有国家Ⅱ级重点保护野生动物黑熊、马鹿、花尾榛鸡等；还有珍稀菌类松茸等。

明月自然保护区自成立以来，在资源保护、法制建设、科学监测以及资源的可持续利用方面取得了较好的成绩。2005 年在自然保护区内建立了 517 公顷的椴树和柞树采种基地。新增建筑面积 310 平方米，其中：综合管理用房 90 平方米，新建种子晾晒场 1000 平方米，购置采种、检验、加工、防火设备。总计投资 172 万元。2009 ～ 2011 年在自然保护区内封山育林 2668.1 公顷，封育年限 5 年，共计建设围栏 16 810 延长米，补植面积 494.45 公顷，总计投资 327.1 万元。明月保护区是吉林省少有的可产松茸的赤松林集中成片的地区之一。松茸是食用、药用价值比较高的珍贵菌类。含有多种维生素、蛋白质、脂肪和氨基酸，有很高的营养价值和特殊的药用效果。据许多文献记载，松茸具有强身、益肠胃、止痛、理气化痰、驱虫等功效。现代科学研究表明，松茸还具有治疗糖尿病、抗癌等特殊作用。松茸营养丰富,在国际市场上备受青睐,且价格居高不下。这不仅仅是由于松茸具有较高的食用、药用价值，而且是由于松茸生长的环境特殊，可供生长松茸的自然环境资源有限,产量短缺造成的。针对这种情况，明月自然保护区对可产松茸的赤松林地进行严格保护，采取人工栽培采收，增加赤松林的面积和松茸产地面积，以科学规范的经营管理、合理采集利用赤松资源，以期逐年提高松茸产量。

明月自然保护区按照不同的功能划分为 3 个带，其中，生态环境保障带，明显的可分为两个部分。第一部分是外缘环境带。主要由盆地边缘 800 ~ 1100 米高山所组成，南部较宽，也仅有 1 ~ 3 千米，东、西、北由 800 米高山组成。明月盆地 800 米以上山地阴坡植被多由云杉、冷杉针阔混交林构成，阳坡则有红松或赤松针阔混交林组成。外缘环境带不是松茸产区，但它对盆地内气温、地温、大气湿度等小气候起到一定的调节作用，其生态效益不可忽视。第二部分是保护区内大面积阔叶林地所构成的内源性生态环境保障带，可称为内源环境带。明月自然保护区面积达 10 万公顷，而外缘环境保障带仅有 1 万公顷。以 1 万公顷面积的林地去保障调节 10 万公顷林地的小气候，虽然因海拔位置不同，可起到一定的作用，但终究还是有限的。所以，这 10 万公顷林地的生态环境保障作用，还必

明月湖

湿地景观

须靠内源性环境来实现。其中不仅是小气候，更主要的是对虫、鼠、病害有着重要调控作用的一系列生态平衡组份及生态平衡过程。松茸产出带是保护区主要功能带，海拔 400 ~ 800 米之间为赤松林分布主要区域，也是松茸产出的主要地带，是保护区的主要功能带，保护性开发松茸活动都在这里进行。松茸产业带主要划分 6 个区：绝对保护区、科学实验区、野生植物园区、种子园区、苗圃区和生产经营区。绝对保护区，位置设在福兴林场 83 林班，面积 50 公顷。此区面积虽小，但其功能却是“保护”的最基本任务。它储存松茸物种和基因，实行严格的封禁保护，是整个保护区松茸的天然种子基地。除特殊实验观察外，一般情况下，绝对不允许进入该区进行采挖松茸活动。科学实验区，位置设在福兴林场 83 林班，面积 30 公顷。用于科学实验，解决松茸产业化进程中的技术难题。目前主要是解决提高单产的问题，以及半人工栽培、虫鼠病害防治、施肥灌水等高产稳产技术问题。

野生动植物园位置设在福兴林场 83 林班，面积 50 公顷。用于贮存、收集优良珍贵野生植物物种，进而为其扩大繁殖提供优良林木种子。

种子园位置在石门林场 154 林班，面积 100 公顷。是为保护区长远发展建立的赤松种子基地。用于生产经过遗传改良的优良的林木种子，为在明月盆地乃至周边地区大量营造和更新赤松林，发展松茸产业提供优良林木种子。

苗圃区位置在石门林场 25 林班，面积 20 公顷，作为明月松茸自然保护区苗木供应基地，为在明月盆地乃至周边地区大量营造和更新赤松林，发展松茸产业生产和提供优良苗木。

明月松茸保护区的生产经营区划分为天然产出松茸亚区、建设亚区、幼林亚区及远景规划亚区。缓冲带包括缓冲区和管理控制区两部分。

这里也是梅花鹿驯养繁育的基地。良好的资源环境为梅花鹿的人工饲养提供了有力的保障。自然保护区内共有人工饲养的梅花鹿 1 万余头，梅花鹿交配季节时常发出阵阵鹿鸣之声，堪为自然保护区的一大景观。

保护好这里的资源，特别是森林资源，对安图县的发展至关重要。明月镇将向所有路过这里的人展示秀美的森林、完好的生态景观以及丰厚、优质的山参、貂皮、鹿茸、各种中草药和土特产品。

明月湖晨雾

绿头鸭

松茸之香 沁及三疆

——吉林珲春松茸省级自然保护区

吉林珲春松茸省级自然保护区于1999年12月1日建立。保护区以珲春林业局解放林场东北部，大荒沟林场西部地区，河山林场、青龙台林场、兰家趟子作业区等三大区为主体，向东延至春化林场。地理坐标为东经129°52′55″～131°18′58″，北纬42°25′45″～43°29′48″。行政区域跨凉水镇、密江乡、哈达们乡、马滴达乡及春化镇。面积131 721公顷，属森林和野生植物类型自然保护区。

珲春松茸自然保护区位于延边朝鲜族自治州珲春市境内。行政区域为凉水镇、密江乡、哈达门乡、马滴达乡和春化镇。1999年12月1日，经吉林省林业厅批准建立。

松茸，学名松口蘑，含有蛋白质、脂肪和多种氨基酸，其中人体必需的氨基酸8种，有很高的营养价值和特殊的药用效果。据文献记载，松茸具有强身、益脾胃、止痛、理气化痰、驱虫等功效，堪称野生蘑菇之王，备受推崇。也正是由于其非常名贵，人们肆意采摘、破坏森林植被的现象时有发生。

吊水壶

白 桦

东北红豆杉

松 茸

为了保护及减少人类对野生动植物的干扰和破坏，科学采摘和可持续利用松茸资源，1999 年，珲春林业局申请建立了珲春松茸自然保护区。保护区主要植被类型以针阔混交林和阔叶林为主，区内群峰耸立、峰岭交错，山间林木苍翠、野花盛开、浮青绕碧、烟雨蒙蒙。山涧溪流甘冽清澈，或回旋于深山密林，或跌宕于悬崖峭壁。步入林中，自然之美，赏心悦目。

保护区内野生动植物资源十分丰富，据初步调查统计，不仅有东北虎、豹、原麝、梅花鹿等 10 种国家Ⅰ级重点保护野生动物，黑熊、马鹿、狍等 35 种国家Ⅱ级保护野生动物，还分布着国家Ⅰ级重点保护野生植物——东北红豆杉。

保护区成立后，对辖区内松茸分布区进行了调查，全面细致地了解和掌握各分布区采摘松茸的现状和市场销售情况，以及当地农民对松茸的依赖状况，本着“保护第一、采收利用、合法经营、竞价承包”的原则，科学制定《松茸承包经营实施方案》、《松茸竞价承包规程》和《松茸管理办法》，公开、公正、公平地面向社会进行竞价承包；利用广播、报纸、电视、标语、黑板报、光盘、群众性会议和技术培训等方式，大力宣传松茸保育促繁及规范化采收，保护森林资源，改善生态环境对促进增收的作用。

在松茸采摘季节来临之前，保护局都要加大巡山检查力度，强化“封山育茸”工作，禁止在封育区内采伐、放牧、积肥等，杜绝山林火灾的发生；在采摘过程中，要求采集农户保护“菌塘”，禁止采摘“童茸”，保留开伞松茸。同时，严禁无证人员非法进入，坚决打击不法分子对松茸产品进行非法收购和贩卖，确保采集工作正常进行。

在松茸销售过程中，保护区经常联合森林公安、工商管理部门对市场中无证拍卖，非法采集、运输松茸资源等情况进行清理和整顿，维持了健康的松茸市场秩序，保障松茸承包户的合法权益，有效地缓解了林农矛盾，使松茸资源管理逐步步入规范化、科学化的轨道。

松茸之香，沁及三疆，香飘四海，回味绵长。感恩大自然赋予我们这一健康美食。关爱和保护好松茸生存的家园，携手构建人与自然和谐共处的生态环境，使其能够惠及子孙，永续利用是我们共同的责任。

紫色山岗 河湖沼泽

——吉林包拉温都省级自然保护区

湿地景观

吉林包拉温都省级自然保护区位于西辽河上游，科尔沁沙地（草原）的东缘，吉林省的西部，通榆县的西南部。地理坐标为东经 122°15′35″～122°41′21″，北纬 44°13′50″～44°31′30″。西部与内蒙古科右中旗相邻，南部与内蒙古科左中旗相接，距通榆县城 90 千米，全区南北长 23 千米，东西长 34 千米。保护区总面积 62 190 公顷。

包拉温都自然保护区划分为核心区、缓冲区和实验区。核心区面积 22 339 公顷，缓冲区面积 21 304 公顷，实验区面积 18547 公顷。区内总户数 1280 户，总人口 4803 人，其中农业人口 3360 人。保护区地处内蒙古草原和松辽平原的过渡地带，多为固定沙丘、耕地、沙丘、草原、碱地相间分布，垄状沙丘与垄间草原、碱地交错相间排列，呈西北—东南方向延伸，表现为沙丘榆林、山杏林、草甸、芦苇、沼泽、湖泊水域的原生态地貌。

保护区为“自然生态系统”类别，属内陆湿地和水域生态系统类型的自然保护区，是吉林省目前保存最完整的湿地之一，有天然湿地面积 30 917 公顷（芦苇面积 25 017 公顷，占吉林省第二位）；林地面积 13 522 公顷（蒙古山杏林面积 1692 公顷）；草原面积 15 340 公顷；其他用地 2411 公顷。保护区内植物区系属温带半湿润草甸草原，以芦苇沼泽为主。保护区内有野生动物 266 种，其中鸟类 199 种；有野生植物 81 科 393 种，其中药用植物 40 多种。以蒙古山杏为主的沙丘天然林，林相整齐，错落有致，是目前我国乃至亚洲非酸性土壤半干旱地区唯一集中成片、生长较好的天然山杏林群落，不仅有观赏价值，还具有较高的科研和经济价值。全区植被覆盖率为70%，其典型性、独特性在湿地研究和湿地保护中占有非常重要的地位。

为了加强吉林西部生态建设，2002年经省人民政府批准（吉政函[2002]134号）建立包拉温都省级自然保护区。白城市人民政府《关于包拉温都自然保护区管理问题的意见》（白政函[2003]53号）确认：为了更好地保护包拉温都沼泽湿地及亚洲最大的非酸性土壤中生存的蒙古山杏，有效地保护好生态资源，成立包拉温都自然保护区管理局。管理局设置为正科（局）级事业单位，由通榆县政府代管，业务管理隶属于省林业厅。保护区管理局核定全额拨款事业编制8名，领导职数为局长1名、副局长2名。保护局下设科研科、财务科、办公室、派出所4个科室。按照省人民政府规定的省级自然保护区的管理权限行使职能，负责保护和管理保护区内以芦苇沼泽为主的内陆湿地生态系统；保护原始蒙古山杏林植物群落；保护珍稀的生物物种，特别是国家重点保护的动物物种。

湿地——天鹅群

文牛格尺河发源于内蒙古境内，横贯保护区全域，在保护区内形成大片湿地，丰富了区域内地下水资源，为野生动物迁徙提供诸多益处，同时也促进了当地农林牧副渔业发展。世界共有两条鸟类迁徙通道，一条在西半球的美国，另外一条在东半球的中国，包拉温都保护区正处于东半球的鸟类迁徙通道节点上。监测到的国家Ⅰ级重点保护动物有东方白鹳、丹顶鹤、白鹤、白头鹤、大鸨等；Ⅱ级重点保护动物有大天鹅、小天鹅、白枕鹤、蓑羽鹤、灰鹤等，年平均数量在1000只左右；其他雁、鸭、鹬类等在50万只左右。保护区鸟类监测站被国家林业局评定为国家级鸟类监测站。特殊的湿地、森林、草原植被环境，决定了包拉温都自然保护区具有不可替代的生态保护作用。

杏树林

包拉温都自然保护区是吉林西部、白城地区重点火险区，保护区制定扎实有效的应急预案，通过向辖区内群众散发传单，举办防火演练，落实各项防火责任制，提高了综合防范能力，多次接受市、县防火检查，保护局领导被省人民政府评为护林防火先进工作者；在森林病虫害防治方面，建立健全了病虫害监测预防体系，连续5年成功防治了天幕毛虫病虫害。在资源管护方面，加大预防和打击力度，联合县公安局严厉查处打击违法开荒和乱垦湿地的行为，加大对迁徙鸟类的保护力度。

包拉温都自然保护区自建立以来，基础设施建设逐步加强，办公用房、保护站、科研监测设备等日趋完善。建设了500平方米办公室，更新了办公设备及巡护车辆；购买了大量疫源疫病监测设备和鸟类观测设备；建设两处高标准鸟类监测站。为了保护好生态，增强对通榆西部风沙的屏障作用，积极争取国

家林业局“三北”五期防护林、林业厅封山育林项目及省发改委治碱工程等项目支持，使通榆西南部生态得以切实改善。同时与当地党委、政府和群众建立了共荣共建的联合管理机制，与辖区内的4个乡(镇、场)签订了共管共建协议，为群众捐款捐物，协调相关部门解决辖区内群众通信难、电压低等问题。保护区的工作得到了辖区群众真正的理解，保护管理工作上了一个新台阶。

包拉温都的蒙古语意为“紫色的山岗”，由于其特别的地理位置和干旱的气候条件，区内形成了大片的芦苇沼泽、草甸草原、山杏林、沙丘榆林相间分布的自然景观。早在1988年，人民日报出版社出版的《话说吉林》一书中，包拉温都野杏林就已被列为吉林省27个旅游景点之一。保护区内的文牛格尺河由西北—东南贯穿全境，有大小泡沼10个。每年春秋两季，引来大批候鸟停歇。每年4月末5月初满山杏花开放的时候，都会引来大批观光旅游、休闲度假的游客以及摄影爱好者。游客到这里不但可以领略到包拉温都原始的自然风光，更可领略到蒙古族的风土人情。保护区积极开展生态旅游活动，成功举办了10届杏花节，在不断提高保护区知名度的同时，为地区经济、社会和良好环境的可持续发展作出了积极的贡献。

观光塔

温牛格尺河

香獐栖息地 仙境金银峡

——吉林白山原麝省级自然保护区

吉林白山原麝省级自然保护区是2006年12月经吉林省人民政府批准建立，主要保护对象为国家Ⅰ级重点保护野生动物原麝及其栖息地。保护区位于吉林省白山市东南部，南隔鸭绿江与朝鲜相望，地理坐标为东经126°29′50″～126°45′27″，北纬41°36′43″～41°49′54″，总面积21 995公顷。保护区内划分核心区、缓冲区和实验区，其中核心区面积7653公顷，缓冲区面积6449公顷，实验区面积7893公顷。保护区是以野生原麝为主要保护对象的野生动物类型的自然保护区。区内的植被类型多样，地形地貌复杂，昼夜温差较大，悬崖峭壁较多，是原麝良好的栖息地，是吉林省原麝分布密度较大的区域之一。

白山原麝自然保护区森林生态系统保存较为完整，生物多样性丰富，具有适宜原麝栖息生存的环境。在人类干扰和生态系统及物种极其脆弱条件下，如果保护措施不力，保护区内生物资源减少的趋势将不可逆转，直接威胁原麝的生存和繁衍。虽然经过近年来的保护，原麝的分布数量和密度有所上升，但就整个世界而言，野生原麝的物种仍然处于濒危的程度，有濒临灭绝的危险。而原麝栖息地一旦被破坏，原麝绝迹，将难以再恢复。因此，加大对保护区的投入力度，做好对濒危物种的研究与拯救工作，更加规范、系统、有效地保护好该区的生态系统已十分紧迫。

白山原麝保护区属老岭山脉东段。海拔多在500～900 米之间，最高山峰为双书峰，海拔为1201米，最低为葫芦套，海拔278米。保护区主要负责贯彻执行国家有关自然保护和自然保护区的法律法规和方针政策；组织制定保护区总体设计和发展规划及实施；负责对保护区内自然资源和自然环境全面管理，实施原麝种群的保护与恢复；负责开展原麝繁育基地建设和人工饲养技术、天然麝香代用品的技术研究和产品开发；负责组织开展科技交流，搞好科研项目的协调与管理和国内学术交流与使用；负责组织开展保护区生态旅游建设和经营工作。

白山原麝保护区地质地貌复杂，环境多样，多种生物区系与复杂的生态环境互相渗透，植被类型多种多样，有针叶林、针阔叶混交林、落叶阔叶林、灌丛、草甸、沼泽、水生植物群落等多种类型的植被。这里地广人稀、交通不便，特别是近年来采取的封山育林政策，促进了植被及植物资源保护，形成了保护区独具一格的自然环境和丰富的生物资源，哺育着种类繁多的野生动物，滋养着种类丰富的野生植物。保护区内分布有野生植物153科439属858 种，其中苔藓类40科59属126种，蕨类

金银峡天圣泉瀑布

20 科 33 属 62 种，种子植物中的裸子植物 2 科 10 种，被子植物 91 科 720 种。另外还有真菌类 41 科 202 种。有国家重点保护野生植物东北红豆杉、红松、黄檗、松口蘑等。保护区有野生脊椎动物 6 纲 33 目 86 科 355 种，其中国家Ⅰ级重点保护野生动物 7 种：原麝、紫貂、东方白鹳、黑鹳、金雕、白尾海雕、中华秋沙鸭；国家Ⅱ级重点保护动物有黑熊、猞猁、青鼬、水獭、马鹿、凤头蜂鹰、大鵟、灰脸鵟鹰、鹗、游隼、雕鸮、长尾林鸮、花尾榛鸡、鸳鸯等 34 种。保护区内保存有较大面积的针阔混交林、长白落叶松林及阔叶林。山势陡峭，谷深峡长，石砬子随处可见，是原麝栖息、繁衍的理想场所。这一独特的环境类型在国内同类自然保护区中极为罕见。

近几年来，保护区管理机构积极邀请东北林业大学、东北师范大学、吉林省林业勘察设计研究院、白山市林业局等单位的科研人员联合组成专家组，对保护区内生物资源进行全面考察，于 2009 年 9 月完成了《吉林白山原麝自然保护区综合科学考察报告》和《吉林白山原麝自然保护区总体规划》。自然保护区建立后，开展了卓有成效的工作，建立了完善的管理体系和组织机构，开展了野生动植物资源保护管理、野生原麝野外救护工作。在白马浪建设了野生原麝野外救护驯化基地，并成功救护了一批原麝。自 2008 年以来共救护野生原麝 7 只，在此基础上，请教专家、摸

猴头菇

原麝栖息地

野外资源考察

原　麝

索经验、克服重重困难，成功地开展了野生原麝的人工驯养与繁殖工作，目前白马浪野生原麝驯化基地野外救护、驯化、繁殖的原麝数量已达 21 只。保护区准备将其中一部分进行野化后，放归自然。与此同时，积极开展宣传教育，加强原麝保护区基础设施建设。建成了保护区 3 座界碑；核心区、缓冲区、实验区 165 个界桩；制作了 5 个宣传牌、7 个警示标牌；125 副条幅；印发宣传单 2 万余张。完成铁蒺藜网围栏 5700 米；设立瞭望塔 1 座；架设白马浪驯养基地输电线路 1100 米；修路 11000 米；在原麝保护区的主要分布区分设了 5 个监测点，加强对原麝的监测和保护；并且根据冬季可能会造成野生动物食物短缺的情况，在原麝的重点分布区搭起了遮雪棚，定期投放一些多汁饲料，为其补充营养，确保扩大原麝种群数量。

在做好自然保护区的保护工作及基础设施建设的同时，保护区管理机构大力开展对保护区周边居民的宣传教育工作，利用电视等各种媒体对保护区进行宣传，增强人们对保护区的认识，培养热爱保护区、维护保护区生态环境的意识，提高社区群众的科学文化水平，激发广大群众保护环境的热情。公众保护生态环境、保护野生动物的意识得到很大提高；积极引导他们发展种植、养殖业，如：包沟养林蛙、林下种药、小型生态林业等项目，并且给予一定政策，让区内村民切实感受到生态资源与自身利益息息相关。同时，保护区经常与当地群众进行交流，抓好与当地村民共建共管工作，通过发证、签订协议与合同，与当地居民一起共同维护和管理保护区的自然资源。通过与社区的共建工作，基本上杜绝了在保护区内的偷猎等违法犯罪行为。村民反映，在保护区内的不同地点，不同时段，不同季节，看到了多年不曾见过的原麝出没，可见野生原麝种群有不断增加的态势。

保护区根据实际情况制定资源保护、森林防火、巡护、病虫害防治等各项规章制度。先后出台了一系列资源管理办法，严禁游客及附近村民进入到保护区的缓冲区及核心区进行各种活动，严厉打击乱砍滥伐、破坏野生动植物资源等违法犯罪行为。经过自然保护区全体人员的不懈努力，加大了野外巡护和查处破坏野生动植物资源违法犯罪工作的力度，保护区内的野生动植物资源得到了有效保护。经专家多次实地调查，区内现有野生原麝种群数量约 39 只，证实野生原麝种群数量呈上升趋势。

保护区生态旅游资源十分丰富，区内群峰耸立，谷岭交错，沟壑纵横，双书山、刀尖砬子、白马浪、东岗、四道阳岔东山等山峰栉比鳞次，巍峨屹立在东北面的中朝国界线上。山上林木苍翠、野花盛开，浮青绕碧、烟雨蒙蒙，构成一幅自然、和谐的美丽画卷。夏日初晴，登上山峰，中朝边境风光尽收眼底。秋日拾级登上山峰，顿觉神清气爽，仿佛置身仙境。水文景观是保护区风景资源的主脉。顺着蜿蜒曲折的江面，沿江而下，赏沙洲岛，穿仙人洞，过天桥沟，越大长川岛、白马浪，绕葫芦套湾至石灰峡达苇沙河。一路水光山色，可遇非常壮观的木排，还可领略异国风情。另外保护区内还有景象奇特的天象旅游资源和充满传奇色彩的人文历史旅游资源。目前已开发的金银峡生态旅游区已初具规模，行走在金银峡徒步旅游线上，近看小河潺潺，清澈见底，亭榭小桥点缀其上，玲珑雅致，景色绝佳；远观奇峰突起，危崖壁立，山色如黛，林木葱郁。沿着盘旋曲折山间石阶，听着溪水的欢唱，一路上可以欣赏到天圣瀑布、药王谷、古栈道、一线天、五乳峰、卧熊石、神龙洞、点将台、高峡湖等景观。

吉林白山原麝自然保护区森林生态系统类型保存完整，山地景观独特，珍稀物种多样、集中，是集物种保护、生物多样性保护、科学研究、生态旅游和可持续利用于一体的自然保护区。

经过几年的发展建设，保护区各项工作现已走上了规范化、科学化的轨道，保护区资源环境得到了有效保护，在保护以野生原麝为主的珍稀濒危物种、维护生态平衡及实现人与自然和谐发展中发挥着越来越重要的作用。

野生原麝驯化场

原麝救护站

江河密布区 泛洪削峰地

——吉林扶余泛洪湿地省级自然保护区

吉林扶余泛洪湿地省级自然保护区为自然生态系统类别中的内陆湿地与水域生态系统类型的自然保护区。保护区位于吉林省西北部扶余县境内，南端为第二松花江，北端为松花江和拉林河，北部以松花江和拉林河与黑龙江省为界，南部与前郭县、农安县和德惠市隔江相望。地理坐标为东经124°56′55″～126°9′5″，北纬44°45′59″～45°31′19″，保护区总面积为61 010公顷。

吉林扶余泛洪湿地省级自然保护区大部分位于松花江和拉林河沿岸，是吉林省最大的洪泛平原湿地，具有典型性和代表性。保护区丰富的水源水系与独特的地形地貌特征，使其形成丰富多样的湿地类型和较为丰富的野生动植物资源。保护区已查明的野生动物220种，珍稀濒危鸟类25种，其中国家Ⅰ级重点保护野生鸟类有东方白鹳、丹顶鹤、大鸨，国家Ⅱ级重点保护野生鸟类有白琵鹭、白额雁、大天鹅、鸳鸯、灰鹤等。在鸟类迁徙季节，区内可看到20000只

以上鸟类在此停歇，与向海、莫莫格、扎龙、查干湖、波罗湖、科尔沁等国家级湿地和鸟类自然保护区共同形成东北亚地区鸟类迁徙的重要通道和停歇聚集地，是濒危鸟类以及其他沼泽野生动物重要的栖息繁殖地。

保护区内有丰富的旅游资源，主要集中在珠尔山、沙洲森林公园、江山度假村等 3 个景区。保护区内的湿地景观独特，风光秀美，一年四季均可旅游观光。尤其在夏季的汛期，保护区内河流、水泡连成一片，形成大面积的草本沼泽湿地，风光旖旎，景色迷人，情趣盎然，景象非常壮观。区内气候宜人，空气清新，水鸟成群，水草丰盛，环境幽雅，是开展湿地旅游的理想之地，具有较高的保护及旅游开发价值。

物种聚集地 生态多样区
——吉林集安省级自然保护区

吉林集安省级自然保护区属于“自然生态系统类”类别中的“森林类型”自然保护区。位于长白山南麓，吉林省集安市西部，保护区地理坐标为东经126°2′21″～126°17′57″，北纬41°11′37″～41°21′40″。保护区总面积6658公顷。重点保护对象为典型的自然地理区域及独特的森林生态系统、珍稀濒危野生植物、珍稀濒危野生动物及其栖息地。

集安市位于吉林省的东南部，与朝鲜民主主义人民共和国满浦市隔江相望，是中国历史文化名城，是世界文化遗产地，是一座拥有23万人口的边陲小城。

吉林集安省级自然保护区为自然生态系统类别中森林生态系统类型的自然保护区，于2009年11月24日由吉林省人民政府批准设立（吉政函[2009]166号）。

保护区地处集安市西北部，长白山系老岭山脉，是吉林省平均降水量最多、无霜期最长的地域，是中国东北最具江南特色的地区，素有“塞外小江南、国家生态园”之美誉。保护区内动植物资源十分丰富，是一个天然的基因库和资源库，国家级和省级重点保护野生植物与珍贵稀有野生植物共计19种；其中国家Ⅰ级重点保护野生植物1种（东北红豆杉），国家Ⅱ级重点保护野生植物9种；重点保护及珍稀濒危野生动物33种，其中国家Ⅰ级重点保护野生动物4种(原麝、金雕、黑鹳、中华秋沙鸭)，国家Ⅱ级重点保护野生动物有28种。

保护区内森林生态系统十分完整，物种多样，层次明显，大部分保持了原始天然次生林的状态，区内活立木总蓄积量达到180万立方米。保护区内共有大小河流20余条，水量充足，水质优良，是集安市人民生活和生产用水主要来源。

该保护区是一个以珍稀濒危生物物种、极小种群生物物种及其生态环境为主要保护对象的自然保护区，是中国及东北地区生物多样性分布的典型地段。由于该区具备了水源涵养的重要性、动植物保护的代表性以及物种的多样性、濒危性等特点，具有极高的保护价值。同时，由于它所具有的典型性、稀有性、自然性、脆弱性和重要的科学研究价值及旅游价值，决定了保护区发展前景和建设任务的艰巨性。

依据国家和吉林省关于自然保护区的法律法规，设立了吉林集安省级自然保护区管理局。自然保护区管理局与集安市林业局实行一套机构，两块牌子，交叉任职，合署办公。管理局隶属于吉林省集安市人民政府，为副处级建制，是保护区专门管理机构，负责自然保护区全面工作。

管理局对保护区的管理实行“管理局——保护管理站”二级管理体系。管理局内部机构设置为办公室、资源保护科、科研监测中心、综合业务科、公安科以及管理局下设的 5 个保护管理站。核定人员编制为 18 名。

保护区成立以来，一直在加强基础设施建设投入。目前，保护区管理局已建文字岭、安碌石、新红保护站及办公辅助用房 360 平方米，临时检查站点 3 个，防火瞭望塔 1 座，一支 35 人组成的专业扑火队。已完成保护区内全部界碑和界桩的安置工作。保护区制定了《吉林集安省级自然保护区管理条例》，建立健全了保护区管理局的规章制度和工作职责，制定了保护管理站巡护档案及巡查内容，进一步规范保护管理行为，提高自然保护区建设质量和管理水平。

为进一步加强保护区的综合管理能力，为珍稀濒危野生动植物提供良好的生存环境，维护生态平衡和自然资源的永续利用，促进自然保护区健康发展，集安市正在积极申报晋升国家级自然保护区。目前，申报的各项准备工作已全部完成。届时，国家级自然保护区的建立，将对集安及周边地区的水源保护、水土涵养、物种多样性保存、以及对珍贵野生动植物的研究和科学考察提供更加良好的条件。同时，将在保护区与周边社区之间，建立起人与自然和谐的生产、生活环境。增强保护区自身发展能力，满足人们日益增长的物质和文化生活的需要，更大地提高生态效益和社会效益。

猞猁

中华秋沙鸭

小斑啄木鸟

药源丰富 仙草圣地
——吉林抚松野山参省级自然保护区

吉林抚松野山参省级自然保护区位于吉林省白山市抚松县，行政区划上属于县城东部的抚松镇和兴隆乡。地理坐标为东经127°17′55″～127°26′36″，北纬42°15′46″～42°16′15″。海拔一般在500～1000米，最高1013.7 米。保护区于2010年5月经吉林省人民政府批准建立，总面积为8315.63公顷。主要保护对象为野山参等珍稀濒危野生动植物及其生态环境。

抚松县人参栽培历史有440年之久，年均人参种植面积达到1209万平方米，占我国人参种植总面积的26%；年产量保持在735万千克左右，占全国年产量的38%，占全省的70%，被列入WTO原产地域产品保护范围。1995年被农业部、中国农学会、国务院发展研究中心、中国特产报、中国特产协会正式命名为"中国人参之乡"，列全国100家特产之乡首位。大美长白山，参乡在抚松，勤劳的抚松人继续创造着人参的发展历史。抚松县万良长白山人参市场是全国最大的人参专业市场，市场分为三大系，即野山参、林下参和园参。面临着珍贵野山参的濒危，参乡抚松担当起保护和发展野山参的重任，并传承着长白山人参文化。2008年长白山野山参采参习俗被国家评为非物质文化遗产。特别是2010年建立吉林抚松野山参省级自然保护区以来，不但为保护和发展野山参事业开辟了新的广阔天地，也填补了我国保护濒临灭绝的纯种野生山参的空白。

野山参生境

自然天成，仙草宜生。保护区内生物资源丰富，植被类型多样，美丽风景自然天成，是传说中“百草之王”的宜生佳地。由于国内野山参已处于濒危状态，而人工栽培环境与天然环境有显著不同，两者的遗传特征和生化物质含量存在显著的差异，因此，野山参种质资源及其生长繁衍生境成为本保护区最重要的保护对象。同时，对区内的其他国家重点保护的 40 种动植物原麝、梅花鹿、东北红豆杉等进行重点保护，使其赖以生存的生态环境始终处于原始状态。

分区保护，立体管理。为使保护区得到充分的保护和管理，划分为核心区、缓冲区、实验区三大功能区。核心区面积 3271.60 公顷，占保护区总面积的 39.34%，是野山参、原麝等濒危动植物的重点分布区；为更好地保护核心区不受外界的干扰和破坏，在核心区周围划出面积为 2341.94 公顷的缓冲区，占总面积的 28.16%；实验区是紧临保护区边界的边缘区，区内可以开展科研实验、考察、旅游、野生动植物驯养等项目，该区面积 2702.09 公顷，占保护区总面积的 32.5%。

野山参兆头

林下参种植区

设立管理机构，编写新的参史。为做好区内自然资源的保护工作，保护区成立伊始，省编办批复设立了吉林抚松野山参省级自然保护区管理局。管理局成立以来，使保护区内野山参资源及自然环境保护、基础调查和监测、科研和生态恢复等各项工作得到有序管理和实施，结束了野山参没有人为保护的历史。保护区还将谱写野山参保护和发展的新篇章，绘就促进区域经济发展的美好蓝图。

扎实保护，功效卓著。保护区建立后，野山参种群逐渐增长，使世界范围内濒于灭绝的野山参资源能够保存下来，为国家物种基因战略储备作出了贡献；森林内野生动植物资源更加丰富，保存了遗传基因，维持了生态平衡，使生物多样性得到了保护；森林生态系统得以休养生息，增加了水源涵养功能，有很高的生态效益。保护区在研究野山参繁殖和生境特点方面具有重要科学价值，是一座天然实验室，也是环境保护宣传教育的真实生动大课堂。

保护区内山水相依，风光旖旎。自古以来，这里就流传着神奇的人参故事。虽然现实中没有见到“龙参”喷云吐雾、“人参姑娘”救死扶伤，但人类受益于“百草之王”却是不争的事实。

野山参生境

生物围栏 10000 余米，使野山参资源得以良好恢复和发展。第三，运用科学的方法对区内野山参和各种珍稀濒危物种的生态系统进行有效的保护与开发，使野山参适宜生境面积增长到 3500 公顷以上，形成真正的“野山参王国”。第四，进一步挖掘和传承长白山人参文化。目前，采参习俗已经成为长白山旅游的一项民俗体验活动，游客可以扮作放山(采挖野山参）人，在把头的带领下进入山林采挖山参，通过此项活动，让人们体验采挖山参的辛苦并了解山参成长的艰难历程。近半个世纪以来，抚松共出版关于人参文化的书籍和动漫作品等近百种，并成立了人参文化研究会，将把此项工作恒久地发展和延续下去。第五，合理利用森林资源，发展林下参，进一步推动区域经济发展，最终把保护区发展成为国内类型独特、管理优化、可持续发展能力较强的国家级自然保护区。

而且有明确的文献记载证明，只有长白山区域，才是人参的家园。千百年来，进献皇帝的人参都是来自长白山区的。目前陈列在北京人民大会堂吉林厅内，生长 140 年净重达 9 两 2 钱的野山参，是 1981 年在抚松出土的；现作为国宝被国家收藏的 305 克、500 年的野山参，是 1989 年在抚松出土的；2007 年在抚松县举办的“长白山人参王拍卖会”上，一棵 235 克、160 年的野山参以 56 万元的价格拍卖成功。这些说明了吉林抚松野山参保护区是我国野山参质量最好、生长年龄最长的产区。同时该区也能代表野山参的最佳物种遗传资源，具有国内重要的植物区系和分类学价值。因此，保护区的生境作为野山参天然的物种基因库，对于我国的野生人参资源保护具有重大意义。另外，区内环境处于自然状态，核心区更是适宜野山参生长的天然佳境。多样化的生态系统，使野山参的种子靠风、水、鸟、兽自然传播，富足的区域面积保证了野山参和其他珍稀濒危物种的正常繁衍和生存；保护区内生态资源，对于地理、生物、生态、医药学等领域均具有较高的科学研究价值。

近两年来，吉林抚松野山参省级自然保护区管理局对保护区进行了立体保护和管理。首先加大宣传力度。利用各级媒体、大型公益广告牌和宣传标语、手册等进行宣传教育，让人们对野山参保护区的成立家喻户晓，营造出对野山参保护和发展的良好社会氛围。其次是加强基础设施建设。为加强保护区管理，共改造了 1000 平方米的办公楼，设立两个检查站，埋设界碑、界桩 50 个，

林下参

林下参

低山物种源 古城罗通山

——吉林罗通山省级自然保护区

吉林罗通山省级自然保护区位于吉林省柳河县东北部，地理坐标为：东经125°58′15″～126°2′40″，北纬42°21′18″～42°24′14″。规划面积为1033公顷。保护区地处长白山地向松辽平原过渡地带，距柳河县城35千米。生态系统相对独立，生物多样性丰富，是一处典型的低山丘陵森林生态系统。

根据《自然保护区类型与级别划分原则（GB/T14529-93）》的划分标准，吉林罗通山省级自然保护区划分为“野生生物”类别，“野生植物”类型的自然保护区。主要保护对象为吉林省珍稀濒危植物物种及其生境。

罗通山位于龙岗山脉的西北坡，地势西北高，东南低，横亘境内西北部，地处长白山区向松辽平原过渡地带，区内主要河流为南部的三统河，该区地带性土壤为暗棕壤，非地带性土壤有白浆土、草甸土、沼泽土及水稻土等。该区属于北温带大陆性季风气候。四季分明，春季风大干旱，夏季湿热多雨，秋季温和凉爽，冬季漫长寒冷。

保护区植物区系属于较为典型的长白植物区系，主要有针叶林、针阔混交林、落叶阔叶林、湿地植物等4个植被类型，下属19个植被群系。保护区内有野生维管束植物130科533种。包括蕨类植物14科24种，裸子植物2科6种，被子植物82科399种；此外还有大型菌类植物30科84种。保护区内野生动物资源丰富，分布有脊椎动物4纲51科127种，其中两栖动物4科9种，爬行动物3科8种，鸟类32科82种，哺乳动物12科28种。列入国家Ⅰ级重点保护的动物有2种，分别为白肩雕、金雕。国家Ⅱ级重点保护的动物有15种，以鹰隼类和鸮类居多。

省枯油

由于人类长期生产生活活动，导致罗通山四周均为居民区和广袤的农田，使罗通山成为“孤岛状”的独立生态系统，由此阻碍了罗通山上的植物传播，产生了地理和生殖隔断。该区植物物种独特，发现了野大豆、东北红豆杉等国家级重点保护野生植物，还发现了吉林省稀有的省沽油科的省沽油、豆科的野葛，还有在吉林省没有分布记录的植物种类——菊科的槭叶福王草等，这几种植物在保护区分布密度较大，种群数量多，主要分布在山顶附近的林间空地和山南侧的沟谷中。这几种草本植物的分布与传统的分布区域有些差别，而在吉林省原有分布区域已经多年未发现或只是偶尔发现，它们的发现不但填补了吉林省物种分布的空白，而且为植物种群分布的研究工作提供了难得的研究对象。这说明罗通山有着特殊的生态环境和植物演变过程，具有极大的研究价值。

保护区涉及罗通山镇、圣水镇2个乡（镇），主要区域坐落在罗通山镇辖区内。保护区周边有9个自然村(屯)，总人口6006人。以汉民族为主，还有少量的满族、朝鲜族等。保护区外围交通便利，周边有公路，村（屯）之间都有公路相通，均是三级公路标准。

区域内通讯设施完善，各乡（镇）、村（屯）均有程控电话，有邮电所或邮递站，保护区范围也处于移动通讯网覆盖之内。

保护区内土地资源权属为国家、集体所有。土地资源主要包括林地、草地、沼泽、水域。以上各类用地，地类明确、权属清晰，柳河县人民政府已与集体土地所有者和林地所有者签订协议，全部隶属保护区管理。总面积1033公顷，有林地面积1011公顷（其中阔叶林966公顷，针叶林41公顷，其他灌木林4公顷）；其他22公顷（其中采伐迹地1公顷，林业其他用地18公顷，岩石裸露地3公顷）。有林地面积占总面积98%，其他占总面积2%。

根据自然情况和社区情况将保护区划分为核心区、缓冲区、实验区三大功能区。

核心区为森林保存程度完好和几个重点物种的分布区域，面积450公顷，占保护区总面积的43.6%。在核心区内禁止建设任何生产设施。

缓冲区上界为核心区边缘，下界为国有林地边界和开展旅游及多种经营活动区域上界，面积212公顷，占总面积的20.5%。缓冲区内禁止建设任何生产设施，禁止开展旅游和生产经营活动。因教学科研的目的需要进入缓冲区从事非破坏性的科学研究、教学实习和标本采集活动的，应当事先向自然保护区管理局提交申请和活动计划，经自然保护区管理局批准。

实验区位于保护区的外围，面积371公顷，占保护区总面积35.9%。实验区可开展参观、旅游以及多种经营活动，不得建设污染环境、破坏资源或者景观的生产设施。

罗通山不仅有独特的自然生态环境，在考古方面也有着重要的价值。相传唐朝大将罗成之子罗通挂帅扫北，在此处安营扎寨，故此得名罗通山。据专家考证，位于保护区实验区的古城遗址——罗通山城系汉代高句丽中川王至

罗通山

野大豆

西川王时期（即中原的魏晋时期）修筑，距今已有1700余年历史，它与世界文化遗产集安高句丽王陵、墓葬、桓仁五女山城遗迹同宗同源，其建筑规模和保存完好程度均属国内罕见，是吉林省海拔最高、最长的高句丽山城，1981年和2001年相继被省和国家列为重点文物保护单位。罗通山城在吉林省文物古迹中有“四个第一”，除了古城墙外，还有东北地区现存最完好的、高6米的烽火台，深10多米、已沿用1800年的老井，以及长4000多米吉林省最大的石灰岩溶洞。

岩溶地貌与森林生态环境融为一体，是罗通山的一大特色。山体下部有溶岩地形发育，溶洞中常年水流不息、冬暖夏凉、钟乳石景观独特，暗河中有东北小鲵等两栖动物，溶洞中也有几种数量较多的蝙蝠生活在其中。

柳河县政府一直重视罗通山森林生态系统的保护和管理工作。对罗通山区域的保护是从保护历史古迹开始的，随着人们对生态环境重要作用的认识逐渐加深，保护的重点也从单纯的古迹保护，发展到对整个区域环境和生态的保护。2002年以来，出于对环境保护和考古方面的考虑，县政府调整了罗通山的管理权，同时也对该区域进行了一些基础性的科学考察活动，并于2008年开始筹划建立省级自然保护区。2010年5月由吉林省人民政府批准成立省级自然保护区。

罗通山珍稀植物省级自然保护区管理局是保护区专门管理机构，负责保护区全面工作。根据保护区保护、管理、科研和资源合理利用的需要，管理局的组织机构设置在原来机构的基础上重新调整为：行政管理办公室、资源保护科、科研科（包括科研监测中心）、资源合理利用办公室、宣教科、社区共管办公室、公安派出所，以及下设1个保护管理站。人员编制确定为37人。

保护区自建立以来，管理局进行了大量的基础性的保护管理工作，制定了保护区管理办法，进行了人员的定岗，并聘请大学和研究机构专家对保护区工作人员进行了培训，使得保护区的科研监测工作能够顺利开展。在基础设施建设方面，明确了保护区的边界，并设立了一定数量的界桩；修建了1500米的巡护道路，设立了2000米的隔离围栏，购置了办公和巡护设备，能够对保护区进行有效的管理和保护。在宣传教育方面，与林业局共同举办了“世界环境日”、“爱鸟周”等活动，积极宣传生态保护的重要性，取得了较好的效果。

野葛

槭叶福王草

哈达余脉 伊通河源

——吉林伊通河源省级自然保护区

吉林伊通河源省级自然保护区，位于吉林省中部伊通满族自治县南部的河源镇、营城子镇和二道镇，地理坐标为东经125°27′26″～125°39′51″，北纬43°03′57″～43°18′38″。保护区呈东南—西北走向，长27000米，宽16000米，总面积24257公顷。

伊通河发源于伊通县南部青顶山北麓，流经伊通县、长春市、德惠市、农安县，在农安县靠山镇汇入饮马河，全长342.5千米，流域面积8440平方千米。伊通河是松花江的二级支流，自南向北穿过长春市城区，是流经长春市城区最大的河流，伊通河上的新立城水库是长春市的两个水源地之一，被长春市居民亲切地称为“母亲河”。

伊通河源头山峦叠障，森林茂密。源头区域的水源涵养林保护较好，多数为天然阔叶林，生物多样性较为丰富，在长白山地与松嫩平原的过渡地带具有典型性和代表性，生态区位极其重要，保护价值较高。

伊通河畔

在伊通河源头建立省级自然保护区，实施抢救性保护，是伊通河综合治理的重要举措，对长春市和沿岸其他城镇水资源供给、对伊通河流域生态环境保护和经济可持续发展具有重要意义。2012年11月，吉林省人民政府批准设立吉林伊通河源省级自然保护区。保护区位于吉林省中部伊通满族自治县南部的河源镇、营城子镇和二道镇。

保护区森林面积14581公顷，森林覆盖率61.1%。天然阔叶混交林是保护区森林的典型代表。保护区内分布紫椴、水曲柳、黄檗等国家重点保护野生植物。这里是国家级重点保护野生动物鸳鸯的繁殖地，同时也是其他一些国家重点保护野生动物的栖息地。

伊通河源省级自然保护区是一个集保护管理、科研监测、宣传教育等为一体的多功能自然保护区。主要保护对象为伊通河源头水源涵养区的森林生态系统及生物多样性。

作为伊通河流域综合治理的重要组成部分，保护区以保护和恢复伊通河源头水源涵养区的森林生态系统及其生物多样性为目的，逐步实施退耕还林工程和生态移民工程，充分保护、恢复、促进其发挥涵养水源、保持水土等生态功能，并使其野生动物资源及其赖以生存的自然环境得到有效保护和恢复。同时开展对森林生态系统及生物多样性的科学研究与监测，提高自然生态质量。开展宣传教育及搞好社区共管、共建工作。最终实现人类与自然和谐共存，建成新型的具有示范带动性的以保护重要水源涵养区森林生态系统为主的自然保护区。

保护区成立后，在保护管理上遵循统筹规划，全面保护，突出重点，分步实施的原则；生物措施和工程措施相结合，多种保护设施科学配置的原则；不同功能区采取不同保护措施的原则；保护、科研、宣教与资源合理利用相结合的原则；社区民众参与保护管理的原则；就地保护的原则。

依据法律、法规，结合保护区的功能要求，制定《吉林省伊通河源自然保护区管理条例》，在保护区内禁止狩猎、开矿等活动，限制种植业发展，在实验区的规定区域内开展生态旅游。在保护区范围内设置机构和进行科研、勘探、建设、资源调查等，应严格审查批准。规范科学研究、教学实习、参观考察等活动的审批程序。建立社区共管领导小组，制定科学的社区资源管理计划，制定入区管理规定及奖惩制度、功能区管理规定、森林防火公约、巡护制度和开展资源合理利用的规章制度。

山里红

天然次生林

保护区管理局协调县国土资源局、环境保护局、水利局、旅游局及保护区内乡镇政府与社会团体，多部门联合协调管理，每年召集例会，研究保护区内当年的保护工作情况，协调各部门开展保护区内的各项工作。保护区管理局与保护区内乡镇政府建立运行良好的共管共建管理机制。

为便于实行分区管理，对保护区

功能区设立明确的标志，在交通要道处设置指示性标牌；重点保护对象的关键区域设置警示牌。在核心区严格控制人为活动，实行绝对保护；加强巡护力量，强化执法力度，严惩违法盗伐事件。有计划分期实施生态移民和退耕还林工程。严禁各种盗伐和狩猎活动，在部分坡地的森林开展林冠下造林，优化森林结构，防止病虫害发生，增强森林的生态功能；实验区限制人口增加，采取一切宣传教育手段，提高当地居民的保护意识，增强法制观念，使保护事业与当地的经济建设协调发展。

鸟 巢

立足资源保护，改善生态环境是保护区责无旁贷的首要任务。在保护管理过程中，保护区管理局将建立资源保护管理网络体系，加强保护站建设，设立检查站，开展生态恢复工作，实施封山育林，设置工程围栏 21100 米，设生物围栏面积 40 公顷，共 800 万株。实施营造林工程。在保护区内逐步实施退耕还林工程，营造水源涵养林和水土保持林 1050 公顷，伊通河护岸林 100 公顷，在保护区的公路两侧营造护路林，造 50 米宽乔灌草复合型人工林 300 公顷。

2012 ~ 2020 年实施生态移民 235 户，947 人。为有效预防保护区内森林火灾，划定森林防火责任区，建立森林防火责任制度，森林防火期内，在保护区禁止一切野外用火。完善林火预测预报系统，搞好区域性气象联网，加强监测瞭望系统建设，组建综合扑救系统，确保打早、打小、打了。加强现有天然林保护，设置预测样地、建立预测预报和防治网络，选准防治方法，抓好检疫工作，开展科研监测。通过科研、监测的实施和教学实践基地的建立，进一步完善保护区科研、监测设施设备，使科研、监测、管理水平和科研队伍素质得到较大提高，把保护区建设成为森林生态系统类型科研、教学实践的重要基地。

天然次生林

开发生态旅游，合理利用资源是保护区精心打造的一个亮点。在全面有效地保护自然资源的基础上，合理的、有限度、有范围的开展旅游，扩大保护区知名度，促进地区经济发展，以满足人们精神和物质生活的需要。

保护区交通便捷、资源丰富，开发利用以天然林为主的森林景观、以伊通河和寿山水库为主的水域景观、连绵起伏的山体构成的山地景观，并在实验区建设必要的旅游基础设施和配套设施，加大宣传力度，吸引来自周边城市

伊通河

的旅游客源。

按照保护区总体规划未来在保护区内将开发的旅游项目有：森林生态旅游、水上旅游、观看伊通河源头、到宣传教育中心参观保护区展览、冬季滑冰、雪橇等等。

开辟增收渠道，实行多种经营是保护区致力发展的一个方向。未来几年，保护区将在实验区适宜各种药用食用植物生长的林下种植五味子、刺五加、天麻、柴胡等植物。根据保护区蜜源植物丰富的特点，鼓励农民放养蜜蜂。建立珍稀野生动物驯养繁殖场。

随着保护区的建设，吉林伊通河源省级自然保护区必将产生显著的生态效益、社会效益和经济效益。在生态效益上，构筑水资源安全的绿色屏障，有利于发挥森林生态系统的功能，有利于生物多样性保护。在社会效益上，树立保护区良好形象，提高了公众环保意识，推动保护事业的发展，对普及环境保护意识，激发人们热爱自然、保护自然的兴趣将起到极大的促进作用。

吉林伊通河源省级自然保护区的建设，生态效益巨大，社会效益显著，并能促进区域经济发展，是一项功在当代，利在千秋，融生态、社会和经济三大效益于一体，具有战略远见的生态工程，对促进整个伊通河流域生态环境实现良性循环将产生举足轻重的影响。在维护伊通河流域生态安全，尤其是在维护水环境安全方面，将发挥不可替代的作用。

市（县）级自然保护区

CITIES AND COUNTIES
NATURE RESERVE

- 吉林青松自然保护区
- 吉林官马吊水壶自然保护区
- 吉林老鹰沟自然保护区
- 吉林天岗朝阳自然保护区
- 吉林大石棚沟自然保护区
- 吉林倒木沟自然保护区
- 吉林新开河自然保护区

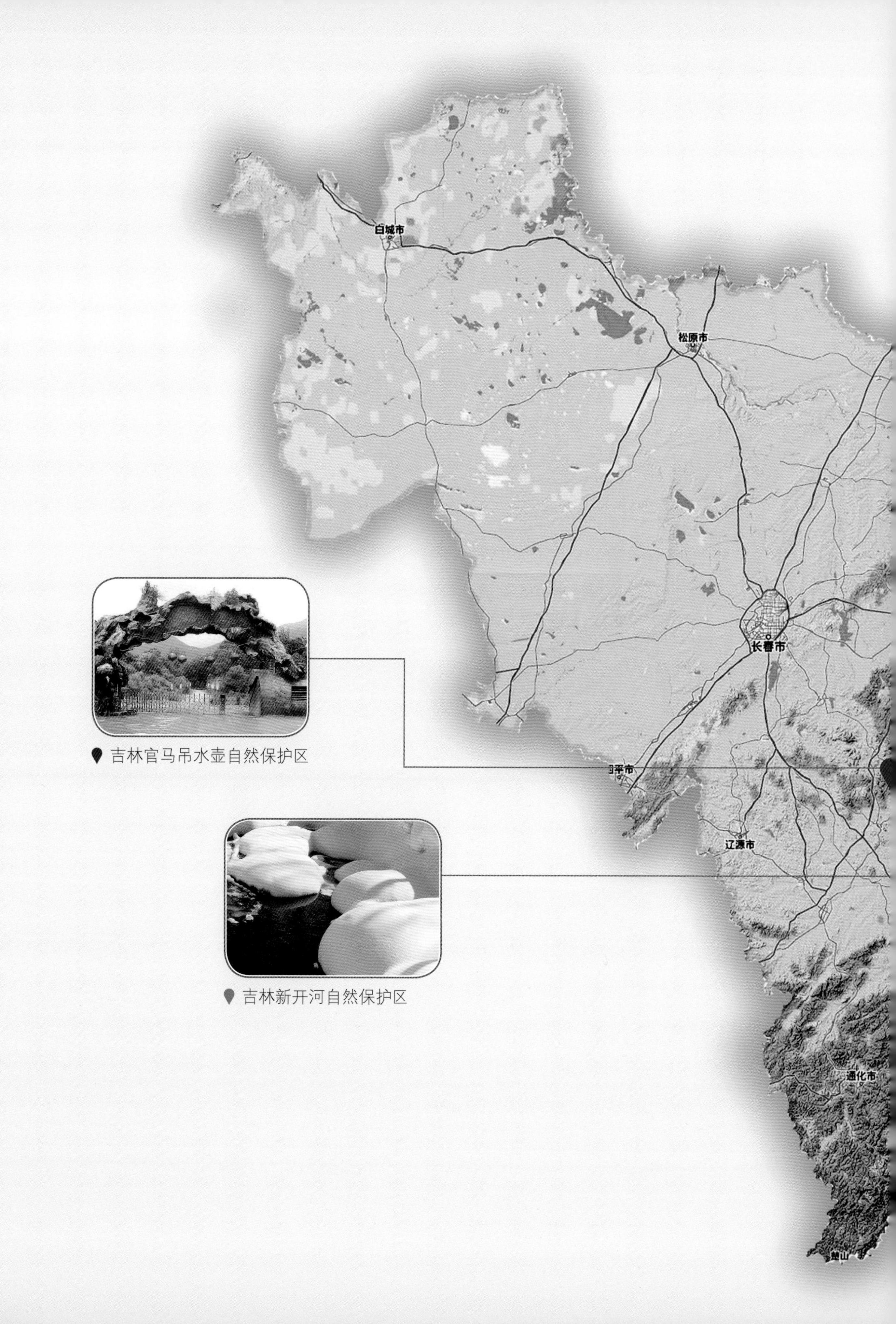

吉林官马吊水壶自然保护区

吉林新开河自然保护区

吉林省林业系统市（县）级自然保护区分布图

吉林大石棚沟自然保护区

吉林老鹰沟自然保护区

吉林青松自然保护区

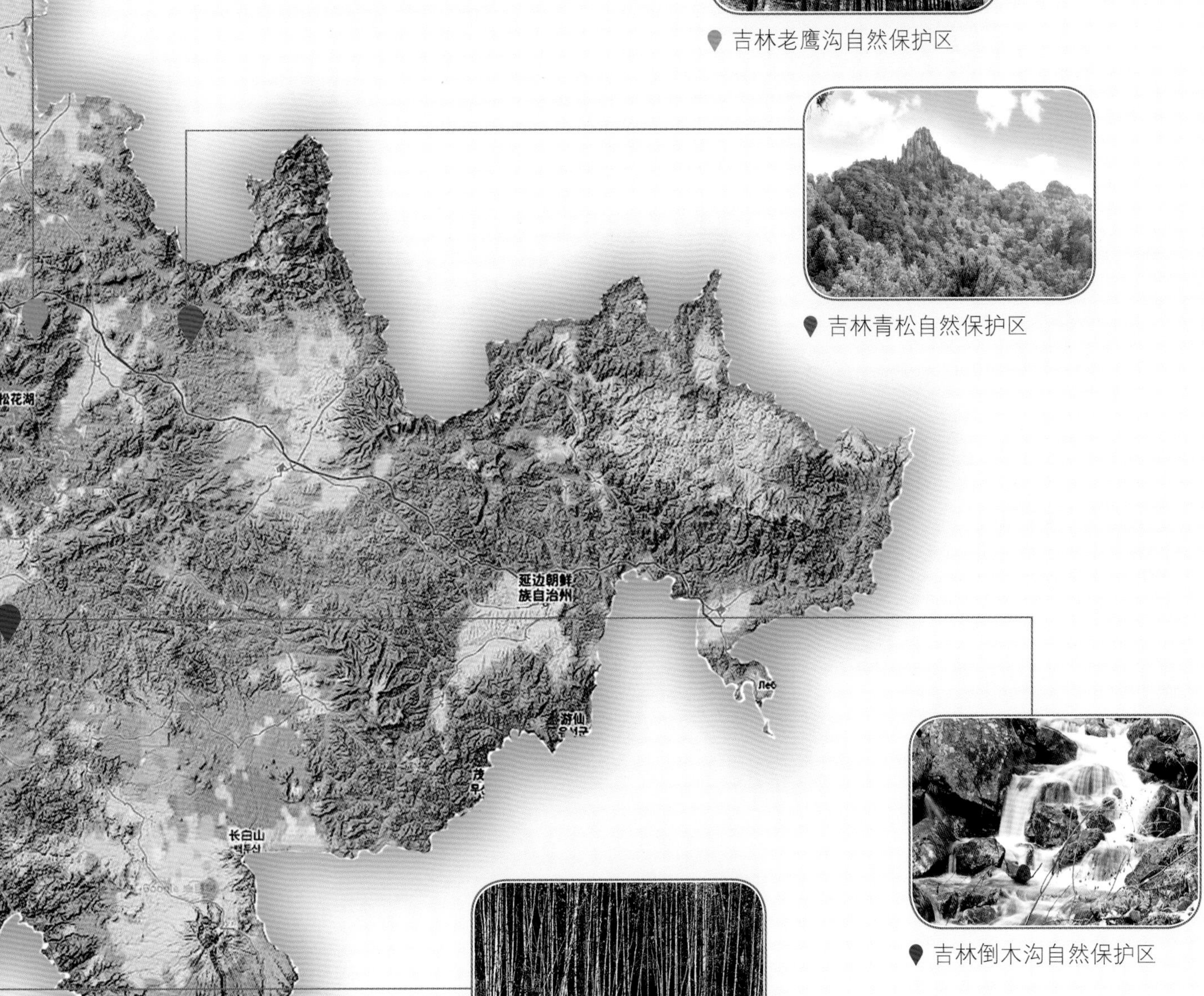

吉林倒木沟自然保护区

吉林天岗朝阳自然保护区

吉林青松自然保护区

吉林青松自然保护区位于舒兰市东部。地处东经127°26′57″~127°37′05″，北纬44°13′18″~44°21′50″，属青松林场辖区。青松林场于1974年4月建场，1980年被吉林省人民政府划定为禁猎区，2005年实施自然保护区管理。青松自然保护区东部与黑龙江省五常市山河屯森工局所属建设林场、曙光林场接壤，南部和西部与吉林市上营森林经营局所属柳河林场、石砬子及梨花林场为邻，北部是舒兰市永胜林场。属长白山余脉张广才岭支脉。幅员面积9406公顷，其中林业用地面积9037公顷，有林地面积8847公顷，森林覆盖率94.12%，活立木总蓄积量达89万立方米。

保护区内的植物资源十分丰富，植被属长白山植物区，为天然次生针阔叶混交林。主要树种为红松、沙松、樟子松、胡桃楸、紫椴、黄波罗、水曲柳、白桦、枫、榆木等珍贵树种，平均树高15米以上，平均树龄50年以上。辖区内野生动物资源有国家Ⅱ级重点保护野生动物黑熊、马鹿、鸳鸯等，还有野猪、狍子、水獭、蛇类几十种及鸟类上百种。青松自然保护区又是舒兰市三大河流之一珠琪河的源头，属大陆性季风气候，全年平均气温为3.5℃，全年平均降水量700毫米左右，无霜期在120天左右，土壤为暗棕壤。

保护区地貌概况为“两山夹一沟”，以一条主路为中轴，支脉沟系左右辐射，山溪随沟系分支汇总，一面临舒兰市三川之一的“珠琪川”口。按照青松林场管理区域范围，川口以“六滴”保护区管理检查站为界，其他3面以黑龙江省省界和吉林省上营森经局所辖林场为边界，形成了具有分布清晰、便于保护特点的外部轮廓界限。内部边界以所含3

水曲柳

苇塘沟瀑布

个自然屯居民点及耕地与林缘交界点为分界，设立了保护界桩。

保护区主要保护对象以森林资源为主体，以野生珍稀、濒危动植物为重点，以溪流、沼泽、湿地等森林自然环境因子为对象，通过对保护区范围的确立，给保护对象预留了足够的生存、发展的空间，将使所有保护对象得到有效保护。

自 2005 年实施保护区管理以来，保护区逐步通过自我完善，形成了结构科学、功能完备、运转协调、布局合理的管护体系。一是建立独立的管理机构，机构全称为“青松自然保护区管理办公室”，下设保护管理站。二是设置了公安机构，保护区的公安执法工作由青松保护区林业派出所具体负责，由舒兰市公安局统一管理，公安局森保科具体管理。三是完善了站点布局，以保护区保护管理站为核心，采取在咽喉要道设立检查站、哨卡、观测台等办法，加大了保护管理力度。

保护区具有一支经验丰富、业务过硬、能力强的管理队伍。编制由舒兰市林业局核定。现共核定编制 41 人，实际在岗人员 43 人。具有中等以上学历 11 人，包括中专 6 人，大专 3 人，林学本科 2 人，法律专业研究生 1 人。获得技术员职称 2 人，助理工程师 2 人，工程师 1 人。岗位结构上设置保护管理办公室主任 1 人，副主任兼保护管理站站长 1 人，保护管理站副站长兼林政执法中队队长 1 人，技术员 1 人，档案员 1 人，财务管理人员 3 人。巡护人员 32 人。

保护区具有健全的管理制度。保护区管理作为社会公益事业，在制度上实行目标管理。由林业局与保护区签订《目标管理责任状》、《管理合同》、《禁伐限伐协议》。保护区与管理人员签订《监督管理合同》，与巡护人员签订《巡护合同》。制定了《自然保护区管理办公室主任、副主任岗位责任制》、《管护站长、监管人员岗位责任制》、《巡护人员岗位责任制》、《GPS 手机考勤管理办法》。

保护区通过多方筹集资金，大力加强管护设施建设。自 2005 年以来共投入 30 余万元新建检查站 1 处，防火及资源监测观测台 1 处，宣传画廊 1 处，大型公示牌 1 个，埋设管护碑 32 个，管护区界桩 128 个。2009 年，购置电脑 3 台，地理信息管理软件 1 套，数码相机 2 部，摄像机 1 台，多功能打印机 2 台，卫星定位仪 6 部，卫星定位移动电话 18 部，灭火机、对讲机等森林防火设备若干。上述管护设备设施均由保护区落实专人维护，做到及时修理、及时更新。管理设备落实专人保管和使

杜 鹃

北红尾鸲

中国林蛙

保护区内野生梅花鹿

山地花园

用，全部设备可以随时投入使用，在管理管护中发挥了重要作用。

保护区采取层层落实责任的办法，使生态资源保护取得了明显成效。一是加强对保护区的控制，采取封闭式保护和管理。外来入山人员需办理入山证，特别是在春秋两季防火期间，设立多个流动哨卡，在查验入山证的同时，对入山人员进出山时间等进行登记，核心地段安装了录像监控设备，加强对进入保护区人员的管理。二是强化巡护工作，保护区巡护工作由保护管理站统一组织实施。巡护人员每天用 GPS 记录巡护路线，发现问题及时填写《发现情况报告单》; 保护站运用地理信息系统软件可对巡护人员、监管人员工作情况进行实时了解，通过 GPS 信号对管理管护人员所处位置进行坐标定点监测。三是完善保护方法。根据保护工作需要，按照工作难易程度、面积大小、巡护道路远近

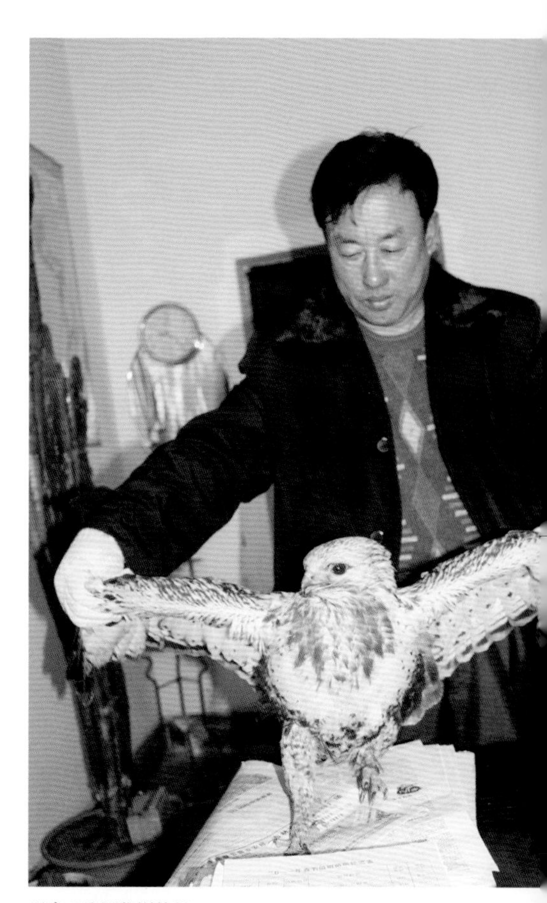
观察毛脚鵟鉴别特征

保护区地貌景观

保护区新建办公场所

等不同，将保护区划分成 32 个责任区，巡护覆盖面达 100%。

保护区成立以来未发生人为火警及盗伐偷猎保护对象案件。林业有害生物监测和防治工作也得到了加强，确保了保护对象的安全，主要保护对象数量稳定。

保护区按照省、市主管部门要求，积极开展了科研与监测工作。2005 年配合吉林市林业勘察设计院开展了森林资源二类调查，形成了调查报告。依据《吉林省重点公益林资源监测技术细则》规定，设置了监测样地，对主要保护对象和生物资源开展了保护区资源监测工作。与东北师范大学生物系合作开展了科研调查工作。同时完成了野山参繁育研究，获得成功经验。

保护区工作人员工资与福利资金来源一是林业局资金拨款，二是国家及省级财政森林生态效益补偿，基本能满足需要。国家及省级财政按照每亩 4.75 元标准，每年投入 63.4 万元事业费。在经费管理上，保护区采取报账制封闭运行的方式管理，确保了保护经费足额到位和安全有效使用。

保护区成立以来，采取拍摄专题片、建立宣传画廊等方式开展宣教工作，营造宣传氛围，取得了良好成效。同时保护区各项工作也得到了群众参与和村民委员会基层组织积极支持，当地群众自然保护意识逐渐增强，能积极协助保护区搞好自然保护工作。保护区管理人员向村民下发《保护成效调查表》、《保护意见调查表》，聘请人大代表及社区群众作为保护区管理顾问，每季度定期召开商讨会，听取群众意见，赢得了群众的理解和社会的有效支持。

进入 21 世纪，特别是实施森林生态效益补偿以来，青松野生动植物自然保护区迎来了可贵的发展机遇，从生态基础条件到社会环境，从管理水平和科技支撑，正在不断改善与提高。今后一个时期保护区建设的指导思想和总体目标是：落实科学发展观，树立人与自然和谐发展的理念，促进保护事业可持续发展。自然保护区今后还要不断加强宣传教育和社区共管工作，吸引相关部门和公众参与到保护区建设管理工作之中，形成齐抓共管。按照国家提出的“多保护一些、快保护一些，保护得更好一些”要求，落实各项保护措施，完善保护制度，加强保护设施建设，加大保护手段的科技创新，提升保护区管理工作总体水平。

吉林官马吊水壶自然保护区

吉林官马吊水壶自然保护区由吉林省批准，建于1987年，属于森林生态系统类型自然保护区。保护区位于磐石市东北部烟筒山镇境内，坐落在吉林官马莲花山国家森林公园中，地处长白山余脉哈达岭中部，东经126°12′10″～126°14′35″，北纬43°09′46″～43°11′47″，总面积630公顷。保护区经过多年的保护和封育，植被状况优良，森林面积达610公顷，其中原始天然林160余公顷，天然次生林450公顷，森林覆盖率达96%。

保护区核心区山脊处保存着大片红松原始林，最粗的红松为4人方能合抱，林龄在300年以上，古木参天，蔚为壮观。红松以其优良的材质和名贵的种子驰名中外，世界上分布甚少。在保护区内登高远眺，红松原始林郁郁葱葱、松涛滚滚、层峦叠嶂、绵延天际，宛若一块碧玉，镶嵌于崇山峻岭之中。保护区内珍稀野生植物还包括黄檗、水曲柳、紫椴、人参、松茸、白松、胡桃楸、刺楸、花曲柳、高山小叶杜鹃、牛皮杜鹃、五味子、黄芪、山葡萄、刺五加、龙胆、平贝母、天麻、元胡、防风、桔梗、党参、龙胆草、灵芝等，其中有国家Ⅰ、Ⅱ级保护植物6种，省级保护植物200多种，其他野生植物300多种。保护区内有国家和省级重点保护野生动物161种，其中鸟类120种，兽类24种，两栖类、爬行类17种，其中国家Ⅰ、Ⅱ级重点保护的野生动物有26种，省级保护动物135种。

原始森林

保护区管理局对实验区内自然资源进行了适度利用，开展森林旅游活动，增强保护区经济实力。设在实验区域的景点包括悬羊砬子、网球场、跑马场、松林阁餐厅、产权酒店、莲花池等，现已取得了较好的生态效益、社会效益和经济效益。是磐石市发展森林旅游业，促进县域经济发展的品牌旅游景点，对促进社会主义新农村建设发挥了积极的作用。

2002年保护区在实验区开展生态旅游等开发项目后，对保护区所在的石

景观石

吊水壶

百年沙松

虎沟村及周边社区的经济发展带来了积极的影响。而且随着保护区游客量的大幅增加，对衣食住行的需求量也大幅增加，保护区附近的几个村逐渐形成了养殖、屠宰、种植、加工、商业和旅店 6 大经济支柱。据初步统计，目前从事二三产业的村民有 1040 人，占总人口的 25%，每年可收入 40 万元以上。

随着保护区建设步伐的加快和森林旅游的快速发展，先进的经营理念逐渐辐射到周围农村。经济社会环境的变化促使头脑比较灵活的村民眼界不断拓宽，观念不断转变，当地出现了以养鹿业、养渔业和旅游休闲业为主的经济快速发展模式。

保护区在开发的同时重点加强了绿化、美化工作。近 3 年累计投资 20 万元，用于风景区内部的绿化造林、美化环境和生态保护。风景区内的绿化率和观赏性都有大幅提高。保护区全体工作人员正在积极努力，力争尽早申报晋升为省级自然保护区。

吉林老鹰沟自然保护区

吉林老鹰沟自然保护区是1987年经磐石市人民政府批准建立的县级自然保护区，保护区位于磐石市东南部松山镇境内，属于“森林生态系统”类型自然保护区，主要保护对象为野生动植物及其生态环境。地理坐标为东经126°34′37″～126°39′12″，北纬42°42′40″～42°45′50″，总面积2000公顷。

老鹰沟自然保护区森林覆盖率达96.5%，区内有东北红豆杉、红松、黄檗、水曲柳、紫椴、人参、松口蘑、胡桃楸等珍稀濒危野生植物。保护区内有野生动物206种，其中鸟类164种，兽类25种，两栖类、爬行类17种。区内有国家重点保护野生动物31种。

吉林天岗朝阳自然保护区

吉林天岗朝阳自然保护区是1987年由蛟河市人民政府批准建立的县级自然保护区。属于“森林生态系统”类型自然保护区，主要保护对象为野生动植物及生态环境。地理坐标为东经127°02′37″～127°09′08″，北纬43°47′50″～43°54′03″，总面积为10 330公顷。保护区有原始森林面积498公顷，距吉林市50千米，被称为距都市最近的原始森林。

保护区内野生动植物资源丰富，广泛分布着红松、水曲柳、紫椴、胡桃楸等30多个树种，人参、天麻、灵芝、五味子等名贵中药材以及蕨菜、薇菜、黑木耳等食用野生植物。保护区内野生动物主要有黑熊、野猪、狐、紫貂、狍、黄鼬等。

保护区生态旅游资源十分丰富，其中著名的冰湖沟风景区，有瀑布、石瀑群和茂密的原始森林、清澈的高山平湖、森林浴场等，是旅游、休闲、探险、度假的好去处。2007年被中国生态学学会旅游专业委员会授予“中国最佳生态景区”。

吉林大石棚沟自然保护区

吉林大石棚沟自然保护区，位于吉林市丰满区，是1987年由吉林市人民政府批准建立的县级自然保护区。属于“森林生态系统”类型自然保护区，主要保护对象为野生动植物及其生态环境。地理坐标为东经127°48′17″～126°48′44″，北纬43°47′11″～43°49′12″，总面积为398公顷。平均海拔200米左右。保护区内野生植物资源有水曲柳、紫椴、胡桃楸等树种；野生动物主要有野猪、狐、紫貂、狍等。这些动植物具有较高的保护价值，建立保护区以来，得到了有效保护。

保护区景观类型丰富，由奇峰景观、奇石景观、水域景观、山地森林景观所组成，具有形态美、色彩美等美学特征，其组合要素充分体现协调统一的美感，可满足不同层次、不同年龄、不同职业旅游者的观赏审美要求。保护区靠近吉林市，区位优势突出，景观资源丰富，景观特色鲜明，交通十分便利，是吉林市近郊保护区的一颗绿色明珠。保护区工作人员正努力将其装点成吉林市东部旅游风景区的靓丽风景线。

吉林倒木沟自然保护区

吉林倒木沟自然保护区1988年经桦甸市人民政府批准建立的县级保护区，是以保护黑熊、狍子、林蛙、野鸡、蛇及稀有植物为主要目的的内陆生态系统类型的自然保护区。

倒木沟自然保护区位于桦甸市朝阳林场境内，地理坐标为东经126°47′16″～126°49′07″，北纬43°07′59″～43°21′12″。属长白山系张广才岭山脉，吉林哈达岭支脉。保护区总面积801公顷，森林覆盖率达91%。东与桦甸市常山镇接壤，西紧靠朝阳林场，南与金沙林场相邻，北靠常山大河水库。保护区内没有自然村(屯)。

倒木沟内多种生物与复杂的森林生态环境互相渗透，构成典型的森林多样性景观。区内有林地面积732公顷。保护区属长白山植物区系，植物种类丰富，分147科1073种，其中木材利用植物14科54种，药用植物112科676种，食用植物44科188种，香料植物14科46种，纤维植物18科41种，蜜源植物20科87种，观赏植物11科32种，还有真菌植物223种。野生动物5科80种，兽类主要有：黑熊、狍、野猫、野猪、狐、鼠类；鸟类以雉鸡、野鸭、松鸦、雀类为主；两栖类动物以林蛙、蟾蜍、树蛙为主；爬行类以蛇类、蜥蜴为主；昆虫有300余种。

保护区由朝阳林场代为管理，于2006年划为国家重点公益林区，并对保护区进行封山育林、封闭式管理。组建保护区组织机构负责保护区的日常管理工作；根据国家、省、市对保护区的有关规定，制定保护区的管理制度，并和管护人员签订管护合同；加强管护队伍建设，为了提高管护人员的业务素质

而经常对管护人员进行培训。同时根据工作需要健全管理机构，建立各项规章制度，强化管护人员队伍建设，使保护区的管护机制逐步成熟起来。

经过多年的管护，倒木沟保护区的森林资源犯罪得到有效遏制。保护区内乱捕滥猎、放牧等现象基本杜绝，保护区内的林分质量显著提高。林政案件的发生率减少80%，对森林防火、林业有害生物早发现、早报告、早预防也起到了积极的作用，几年来保护区内没有发生一起森林火灾，林业有害生物的防治率达100%，植物多样性保护得到加强，保护区内的野生动物明显增多。

倒木沟自然保护区的森林生态系统在涵养水源、保持水土、净化水质和大气、改善区域气候等方面发挥着极其重要的作用，是桦甸市生态安全的重要绿色屏障。

倒木沟保护区是野生动物的天堂、是人们休闲的好去处。走进保护区，看到挺拔的水曲柳，硕果累累的红松，美丽的黄波罗，茫茫无际的针阔混交林，给人以回归自然、返朴归真的感受。通往倒木沟的交通便利，北到吉林市，南到桦甸市，均不超过1个小时。通信也十分便捷。风光秀丽，景色宜人的倒木沟自然保护区也是生态旅游之地。

吉林新开河自然保护区

吉林新开河自然保护区1988年经桦甸市人民政府批准建立，是以保护马鹿、黑熊、狍子、林蛙、野鸡、蛇及稀有植物为主要目的的内陆生态系统类型的县级自然保护区。

保护区位于桦甸市苏密沟林场境内，地处长白山区，为长白山山地向松辽平原过渡的前缘。龙岗山脉横亘境内，构成南北部偏高，中间地带较低，沟沟岭岭纵横交错的地势。境内地势起伏，最高海拔1040米（鸡爪顶子），河流为松花江支流辉发河主干。地处桦甸市东南部，东经126°42′28″～126°48′17″，北纬42°37′52″～42°44′19″，东邻靖宇县，南与辉南县毗连，西接磐石市，以龙岗山脉为界，东西长10千米，南北宽7.5千米。保护区幅员面积3834公顷，森林覆盖率达98%。

新开河自然保护区全年气温偏低，降水偏多，总降水量630毫米，光照充足，全年日照时数2500小时，最大积雪70厘米，最大冻土深度100厘米。

保护区内森林资源非常丰富，其中有红松、沙松、黄波罗、胡桃楸、水曲柳、柞、椴、杨等10多个种类的混交林。最粗的直径有1.5米，树高50余米，树龄在上百年的树木可占30%，50年以上可占50%。由于不同树种的混交，各种树木颜色互相争艳，形成一幅天然画卷。另有红松母树林基地多处，树龄均在100年左右，密集处可占30%以上，最大树龄达到2000年。苏密沟林场在保护区内尚有耕地10多公顷，全部栽植红松，作为红松幼树林基地。还有水曲柳母树林基地1处，占地700余公顷，树龄均在50年左右，平均胸径30厘米，最粗胸径可达50厘米。保存完好的原始森林1处，占地800余公顷，自1960年建场以来始终没有采过伐，现原始森林内绿树荫荫，枝繁叶茂，树龄均在100年左右，树高平均30米以上，属混交林。

保护区内多种生物与复杂的森林生态环境互相渗透，构成典型的森林多样性景观。林下蕴藏着各种野生植物，可分为6大类：①食用植物：野菜类有蕨菜、山芹菜、刺老芽、黄花菜、广东菜、猴腿等30多种；山果类有山葡萄、软枣子，山梨、山核桃、红松籽、榛子等10多种；食用菌类有黄蘑、榛蘑、猴头蘑、冻蘑、黑木耳等10多种；淀粉类植物有橡子、百合、桔梗等10多

种；②药用植物：以干皮或树皮入药有黄菠萝干皮，刺五加根皮，短梗五加根皮等；以果实、种子入药有山杏、五味子、南蛇藤等；以地下部分或全草入药的有人参、党参、细辛、龙胆草、天麻等；③香料植物：有艾蒿、山玫瑰、芍药、香蒿等40多种；④蜜源植物：有紫椴、暴马子、山玫瑰等50余种；⑤编织植物：有柳条、榛条、胡枝子、榆条等10多种；⑥观赏植物：有白桦、花椒、山梅花、月见草等。

保护区地处长白山麓，山峦重叠，森林茂密，适于野生动物繁衍栖息，有经济价值的野生动物8大类。①两栖类：有中华大蟾蜍，花背蟾蜍、黑斑蛙、中国林蛙等；②爬行类：北草蜥、棕黑锦蛇、日本蝮等；③鱼类：鲤鱼、泥鳅、鲫鱼、白鲢等；④环节动物：蚯蚓等；⑤软体动物：蜗牛等；⑥节肢动物：蜘蛛、蜈蚣等；⑦鸟类：沙鸡、雉鸡、猫头鹰、王乾哥、松鸦、喜鹊等；⑧兽类：刺猬、山兔、松鼠、野猪、狍、马鹿等。

目前，新开河保护区由苏密沟林场代为管理。近20年来，由于加大自然保护区管理力度，采取措施有力，管护面积由原来1480公顷，扩展到3834公顷。管理人员由当初2人增加到6人，临时季节性15人。积极的保护工作使自然保护区各种资源迅速增长。其中幼龄林增长4.42%；中龄林增长3.31%；近熟林增长2.24%；成熟林增长1.28%，野生动物增长200%，野生植物增长50%等。

新开河自然保护区的森林生态系统在涵养水源、保持水土、净化水质和大气、改善区域气候等方面发挥着极其重要的作用，是桦甸市生态安全的重要屏障，也是城市饮用水的水源基地。

吉林省林业自然保护区一览表

保护区名称	地理坐标（E,N）	行政区域	主要保护对象	总面积（公顷）
吉林长白山国家级自然保护区	东经127°42′55″～128°16′48″ 北纬41°41′49″～42°25′18″	白山市 延边州	森林生态系统、野生动植物、自然历史遗迹	196465
吉林向海国家级自然保护区	东经122°05′01″～122°31′25″ 北纬44°55′59″～45°09′03″	通榆县	湿地、珍稀水禽	105467
吉林莫莫格国家级自然保护区	东经123°27′00″～124°04′33″ 北纬45°42′25″～46°18′00″	镇赉县	湿地、珍稀水禽	144000
吉林天佛指山国家级自然保护区	东经129°16′18″～129°46′28″ 北纬42°23′19″～42°41′20″	龙井市	赤松林生态、松茸及生物多样性	77317
吉林龙湾国家级自然保护区	东经126°13′55″～126°32′02″ 北纬42°16′20″～42°26′57″	辉南县	湿地	15061
吉林珲春东北虎国家级自然保护区	东经130°17′18″～131°14′44″ 北纬42°42′40″～43°28′00″。	珲春市	东北虎、豹	108700
吉林雁鸣湖国家级自然保护区	东经128°11′40″～128°45′30″ 北纬43°39′20″～43°51′28″	敦化市	湿地	53940
吉林松花江三湖国家级自然保护区	东经126°51′40″～127°45′21″ 北纬42°20′10″～43°33′06″	吉林市 白山市	森林类型	1029456.8
吉林哈泥国家级自然保护区	东经126°04′09″～126°33′30″ 北纬42°04′12″～42°14′30″	柳河县	湿地	22230
吉林波罗湖国家级自然保护区	东经124°40′20″～125°59′00″ 北纬44°22′30″～44°32′15″	农安县	湿地、珍稀水鸟	24915
吉林黄泥河国家级自然保护区	东经127°51′24″～128°14′45″ 北纬43°55′02″～44°06′28″	敦化市	森林生态系统	41583
吉林汪清国家级自然保护区	东经130°23′07″～131°03′19″ 北纬43°05′33″～43°30′17″	汪清县	东北虎、东北豹、东北红豆杉	67434
吉林左家省级自然保护区	东经126°01′38″～126°11′58″ 北纬44°00′49″～44°07′49″	吉林市昌邑区左家镇	天然次生林	5544
吉林长白松省级自然保护区	东经128°06′24″～128°07′46″ 北纬42°25′25″～42°27′01″	安图县	长白松	112
吉林石湖省级自然保护区	东经126°10′50″～126°16′15″ 北纬41°21′39″～41°24′27″	通化市	野生动植物	1505
吉林明月省级自然保护区	东经128°37′30″～129°9′45″ 北纬42°56′10″～43°26′15″	安图县	赤松林生态、松茸	100000
吉林珲春松茸省级自然保护区	东经129°52′55″～131°18′58″ 北纬42°25′45″～43°29′48″	珲春市	赤松林生态、松茸	100000
吉林包拉温都省级自然保护区	东经122°15′35″～122°41′21″ 北纬44°13′50″～44°31′30″	通榆县	湿地	62190
吉林白山原麝省级自然保护区	东经126°29′50″～126°45′27″ 北纬41°36′43″～41°49′54″	八道江区 临江市	野生动物及栖息地	21995

（续）

保护区名称	地理坐标（E,N）	行政区域	主要保护对象	总面积（公顷）
吉林扶余泛洪湿地省级自然保护区	东经 124° 56′ 55″ ~ 126° 9′ 5″ 北纬 44° 45′ 59″ ~ 45° 31′ 19″	扶余市	湿地、珍稀水禽	61010
吉林集安省级自然保护区	东经126°2′21″ ~ 126°17′57″ 北纬41°11′37″ ~ 41°21′40″	集安市	森林生态系统和马鹿	6658
吉林抚松野山参省级自然保护区	东经 127 ° 17 ′ 55 ″ ~ 127 ° 26 ′ 36 ″ 北纬 42° 15′ 46″ ~ 42° 16′ 15″	抚松县	野生植物	8315.63
吉林罗通山省级自然保护区	东经 125° 58′ 15″ ~ 126° 2′ 40″ 北纬 42° 21′ 18″ ~ 42° 24′ 14″	柳河县	野生植物	1033
吉林伊通河源省级自然保护区	东经 125 ° 27 ′ 26 ″ ~ 125 ° 39 ′ 51 ″ 北纬 43° 03′ 57″ ~ 43° 18′ 38″	伊通县	森林生态系统	24257
吉林青松自然保护区	东经127 °26 ′57 ″ ~ 127 °37 ′05 ″ 北纬44°13′18″ ~ 44°21′50″	舒兰市	野生动物	9406
吉林官马吊水壶自然保护区	东经 126° 12′ 10″ ~ 126° 14′ 35″ 北纬 43° 09′ 46″ ~ 43° 11′ 47″	磐石市	野生植物	630
吉林老鹰沟自然保护区	东经126 °34 ′37 ″ ~ 126 °39 ′12 ″ 北纬42°42′40″ ~ 42°45′50″	磐石市	野生动物	2000
吉林天岗朝阳自然保护区	东经127°02′37″ ~ 127°09′08″ 北纬43°47′50″ ~ 43°54′03″	天岗镇 拉法镇	野生动植物	10330
吉林大石棚沟自然保护区	东经127 °48 ′17 ″ ~ 126 °48 ′44 ″ 北纬43°47′11″ ~ 43°49′12″	吉林市	树木	398
吉林倒木沟自然保护区	东经126 °47 ′16 ″ ~ 126 °49 ′07 ″ 北纬43°07′59″ ~ 43°21′12″	桦甸市	森林生态系统	1759
吉林新开河自然保护区	东经126°42′28″ ~ 126°48′17″ 北纬42°37′52″ ~ 42°44′19″	桦甸市	森林生态系统	1480